127

新知
文库

XINZHI

**Birth of
Intelligence**
From RNA to AI

Translation Copyright © 2020 by SDX Joint Publishing Company

Birth of Intelligence © Daeyeol Lee 2019

智能简史

[韩]李人烈 著　张之吴 译

生活·讀書·新知 三联书店

Simplified Chinese Copyright © 2020 by SDX Joint Publishing Company.
All Rights Reserved.

本作品简体中文版权由生活·读书·新知三联书店所有。
未经许可，不得翻印。

图书在版编目（CIP）数据

智能简史／（韩）李大烈著；张之昊译 . —北京：
生活·读书·新知三联书店，2020.9 （2022.3 重印）
（新知文库）
ISBN 978 – 7 – 108 – 06894 – 1

Ⅰ . ①智⋯　Ⅱ . ①李⋯ ②张⋯　Ⅲ . ①人工智能 – 简史
Ⅳ . ① TP18

中国版本图书馆 CIP 数据核字（2020）第 133543 号

特邀编辑	刘　莉	
责任编辑	王　竞	
装帧设计	陆智昌	薛　宇
责任校对	龚黔兰	
责任印制	卢　岳	
出版发行	生活·讀書·新知 三联书店	
	（北京市东城区美术馆东街 22 号 100010）	
网　　址	www.sdxjpc.com	
经　　销	新华书店	
印　　刷	三河市天润建兴印务有限公司	
版　　次	2020 年 9 月北京第 1 版	
	2022 年 3 月北京第 2 次印刷	
开　　本	635 毫米 × 965 毫米　1/16　印张 16	
字　　数	195 千字　图 42 幅	
印　　数	08,001 – 11,000 册	
定　　价	39.00 元	

（印装查询：01064002715；邮购查询：01084010542）

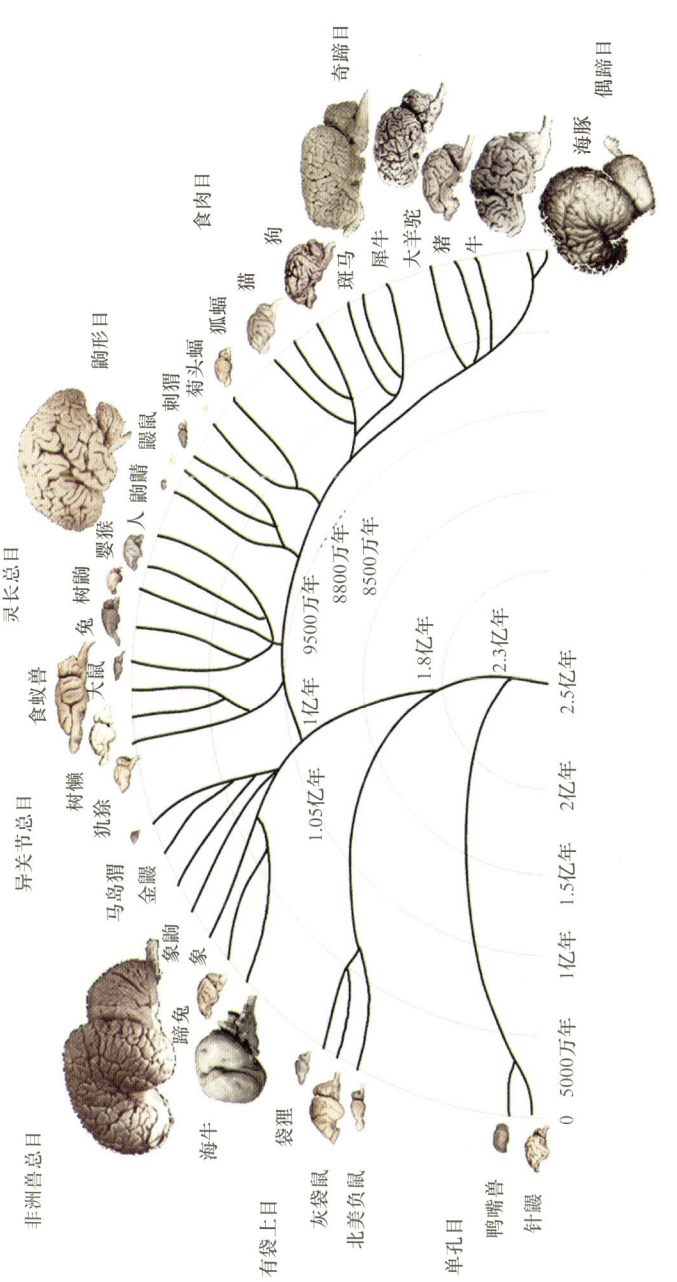

彩图 5.2 脑的进化（详情见第 112 页）。引自 Herculano-Houzel S（2012）"The remarkable, yet not extraordinary, human brain as a scaled-up primate brain and its associated cost." *Proc. Natl. Acad. Sci. USA* *109*: 10661-10668（原文图 1）。版权由美国国家科学院所有（2012）。图中各类动物脑图像引自威斯康星大学、密歇根州立大学哺乳动物脑图集（www.brainmuseum.org）

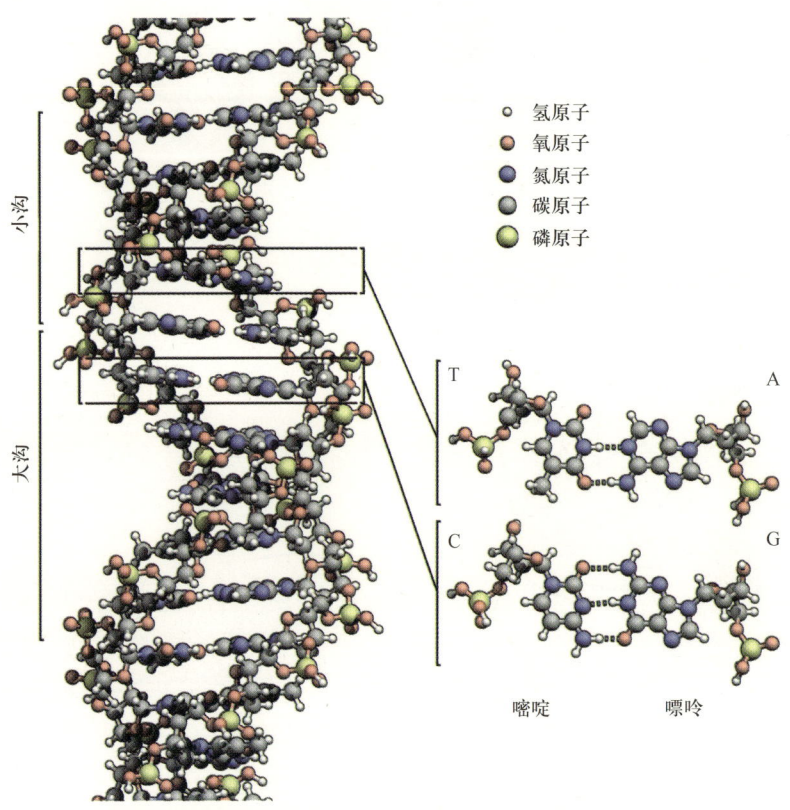

彩图 4.5　DNA 的结构（详情见第 94 页）。图片来源：维基百科（据 GNU 自由文档许可证转载）

A. 后悔与人类眶额叶皮层

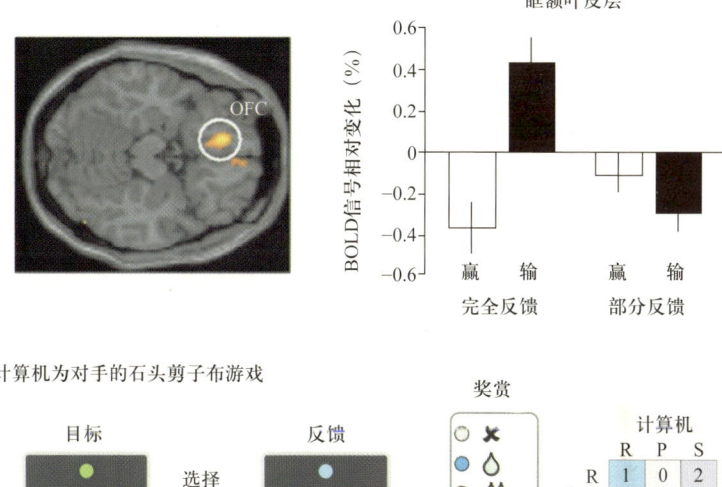

B. 以计算机为对手的石头剪子布游戏

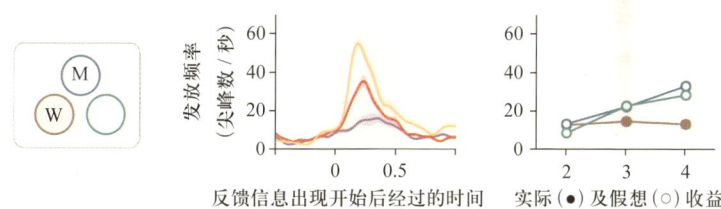

C. 在猴子眶额叶皮层的单个神经元中的后悔信号

彩图 7.6　眶额叶皮层中与后悔有关的神经活动（详情见第 172 页）。A. 在一项 fMRI 研究中，人类眶额叶皮层的活动与后悔相关。引自 Coricelli G，Critchley HD，Joffily M，O'Doherty JP，Sirigu A，Dolan RJ（2005）"Regret and its avoidance：a neuroimaging study of choice behavior." *Nat. Neurosci.* 8：1255-1262（原文图 3）。版权由 Springer Nature 所有（2005），经许可转载。B. 在猴子身上对后悔进行研究的电生理实验使用了以计算机为对手的石头剪子布游戏，实验任务及收益矩阵分别见图左、右。C. 一个眶额叶皮层的神经元的活动随着假想中的奖赏大小的增加而提高。引自 Abe H，Lee D（2011）"Distributed coding of actual and hypothetical outcomes in the orbital and dorsolateral prefrontal cortex." *Neuron* 70：731-741（原文图 3）。版权由 Elsevier 所有（2011），经许可转载

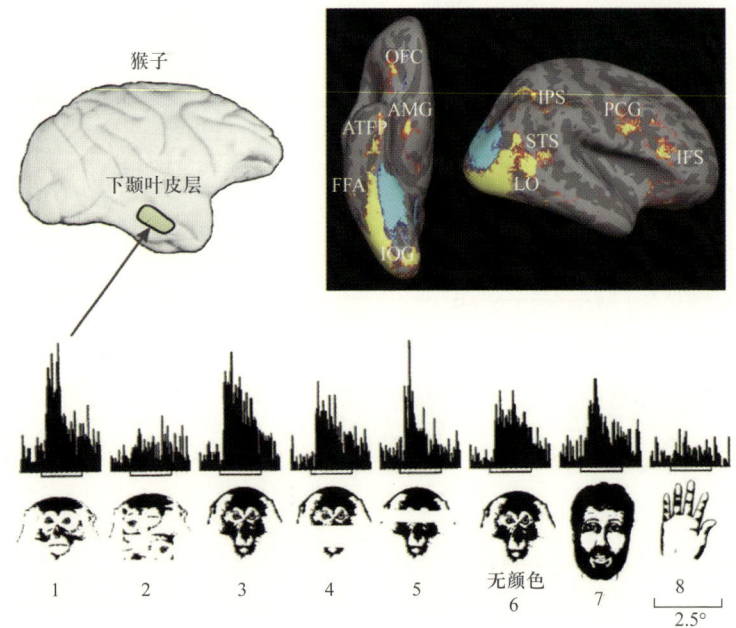

彩图8.4 在猴子和人脑中，一部分皮层区域专门负责面孔认知（详情见第206页）。上：猴子脑中的下颞叶皮层含有对面孔刺激做出响应的神经元，而人脑中有若干区域会在被试者观看人脸时比观看其他人脸以外的刺激时表现出更强的BOLD信号。引自Rajimehr R，Young JC，Tootell RBH（2009）"An anterior temporal face patch in human cortex, predicted by macaque maps." *Proc. Natl. Acad. Sci. USA 106*：1995-2000（原文图3）。版权由美国国家科学院所有。下：猴子下颞叶皮层中的神经元活动示例。在猴子看到面孔图像时，该神经元的活动会比在猴子看到手的图像或者打乱了的面孔图像时更加强烈。引自Desimone R，Albright TD，Gross CG，Bruce C（1984）"Stimulus-selective properties of inferior temporal neurons in the macaque." *J. Neurosci. 4*：2051-2062（原文图6A）。经美国神经科学学会许可转载（由Copyright Clearance Center，Inc代为获取）

新知文库

出版说明

在今天三联书店的前身——生活书店、读书出版社和新知书店的出版史上，介绍新知识和新观念的图书曾占有很大比重。熟悉三联的读者也都会记得，20世纪80年代后期，我们曾以"新知文库"的名义，出版过一批译介西方现代人文社会科学知识的图书。今年是生活·读书·新知三联书店恢复独立建制20周年，我们再次推出"新知文库"，正是为了接续这一传统。

近半个世纪以来，无论在自然科学方面，还是在人文社会科学方面，知识都在以前所未有的速度更新。涉及自然环境、社会文化等领域的新发现、新探索和新成果层出不穷，并以同样前所未有的深度和广度影响人类的社会和生活。了解这种知识成果的内容，思考其与我们生活的关系，固然是明了社会变迁趋势的必需，但更为重要的，乃是通过知识演进的背景和过程，领悟和体会隐藏其中的理性精神和科学规律。

"新知文库"拟选编一些介绍人文社会科学和自然科学新知识及其如何被发现和传播的图书，陆续出版。希望读者能在愉悦的阅读中获取新知，开阔视野，启迪思维，激发好奇心和想象力。

生活·讀書·新知三联书店
2006年3月

目 录

Contents

1　中文版序

3　前　言

11　第 1 章　智能的层次

智能是什么？｜无须神经元的智能：从细菌到植物｜神经系统的运作｜反射：简单的行为｜反射的局限性｜连接组｜肌肉的多重控制元件｜案例研究：眼动｜许多行为具有社会性

37　第 2 章　脑与决策

效用理论｜时间与不确定性｜迟疑不决：布里丹之驴｜效用理论的局限性｜幸福感｜效用理论与脑｜动作电位的意义｜效用的进化

61　第 3 章　人工智能

脑与计算机｜计算机会胜过人脑吗？｜突触与

晶体管 | 硬件与软件 | 火星上的人工智能 | 旅居者号还活着吗？| 自主人工智能 | 人工智能与效用 | 机器人社会与集群智能

85　**第 4 章　自我复制机器**

自我复制机器 | 自我复制机器的自然史 | 多才多艺的蛋白质 | 多细胞生物 | 脑的进化 | 进化与发育

109　**第 5 章　脑与基因**

分工与授权 | 委托 - 代理关系 | 对脑的激励

125　**第 6 章　为何学习？**

学习的多样性 | 经典条件反射：流口水的狗 | 效果律和操作条件反射：好奇的猫 | 操作条件反射与经典条件反射的相遇 | 操作条件反射与经典条件反射的冲突 | 知识：潜在学习与位置学习

147　**第 7 章　学习的脑机制**

神经元与学习 | 寻找记忆的痕迹 | 海马体和基底神经节 | 强化学习理论 | 快感化合物：多巴胺 | 强化学习与知识 | 后悔与眶额叶皮层 | 后悔神经元

177　**第 8 章　社会智能与利他主义**

博弈论 | 博弈论已死？| 迭代囚徒困境 | 巴甫洛夫策略 | 合作的社会 | 利他主义的阴暗面 | 预测他人的行为 | 递归的心智 | 社会化的脑 | 默认认知：拟人化

211 第9章 智能与自我
自我认识的悖论 | 元认知和元选择 | 智能的代价

227 第10章 结语：留给人工智能的问题

233 参考文献
241 致　谢
243 译后记

中文版序

我很高兴向中国读者介绍我的这本书。本书的一个重要的关键词是"智能",它指的是解决复杂而困难问题的能力。近年来,人类用人工智能来构建的机器,已经可以模仿许多人类认知过程,因而,了解智能究竟是什么,它在各种生命形态中如何演化,也就变得愈加重要。我起草本书初稿的时候,正值2016年3月初,阿法狗(AlphaGo,又称阿尔法围棋)以五盘四胜的战绩在韩国的围棋人机对决中击败了前世界冠军李世石。虽然我在此前便预测阿法狗将获胜(并由此赢得了与我弟弟的打赌),人工智能的这一成就依然让人惊叹,也进一步激励了我完成本书。阿法狗和其他众多先进人工智能程序的大获成功,导致许多人认定,或许用不了多久,人工智能就能在大多数领域中超越人类智能,甚至全面碾压人类。显然,如果我们不了解人类智慧的本质和局限，我们就无从判断这种情况是否真会发生，如果是的话会在何时。探究智能（包括我们自身的智能）的本质，是本书的重要目的之一。此外，本书也旨在引领对科学知识感兴趣的读者，走近与人类心智和脑息息相关的经济学、心理学、神经科学、计算机科学等学科，并进一步了解其中许多精彩的发现。在中国经济与技术飞速发展的时代背景下，我希望中国读者能从本书对生物智能和人工智能的讨论中受益。

我在本书中提出，智能的起源与生命的起源是相伴相生的。这是因为，所有的生命形式都需要解决自身的复制问题。尽管人类创造出来的洗衣机、计算机之类的机器看似也在解决一些问题，但跟前文所述的生命复制问题有着本质的差异，因为这些机器是人类为解决自身的问题所设计出来的工具，而不是在为机器自己服务。智能必不可少的特征之一，就是它是生命的一项功能。这就是为什么本书关于智能的许多讨论都是以进化为背景来进行的。我并不奢望每位读者都对本书的观点全盘接受。相反，我认为任何关于智能的争鸣恰恰体现了这一话题的重要性与受关注程度。

在撰写本书的过程中，我得到了许多朋友与同事的大力帮助，但我尤为感谢张之昊博士将本书译成中文。当我还是耶鲁大学的教授时，尽管我并非他的导师，他却是我最欣赏的研究生之一，我们还合作发表了一篇论文。我们俩在科研上有许多共同的兴趣——不仅在于了解脑如何工作，更在于通过研究脑如何进行复杂决策，来更好地了解人性。我最开始用韩文写作了此书，随后再重新写作了英文版。张博士的翻译基于本书的英文版，但我给他添了不少乱子，因为在他开始进行翻译以后，我仍然对本书做了不少修订。我对他的耐心以及对本书倾注的热情表示衷心感谢。

李大烈
于美国马里兰州巴尔的摩市

前　言

Preface

　　我们人类既不同于无生命的物体（如岩石和雨滴），也不同于从单细胞生物体到其他哺乳动物的无数生命形式。人类真的是个与众不同的物种吗？与其他动物相比，我们是否有本质区别？如果是的话，我们是如何获得这一特殊地位的呢？我们身上的哪些特征，把我们与其他动物区分开来？是什么使人类成为"人"？这些问题并不新鲜，从古代以来，许多学者和哲人都在试图解答这些问题。或许，真正使我们与其他动物区别开来的，是我们对自己这一物种的起源、对宇宙、对周遭一切事物的好奇心。我们与其他动物真正的不同，就在于我们的智能。本书将带领读者纵览智能的发展历程。

　　要探索人类智能的起源与局限性，我们首先要对智能下一个清晰的定义。尽管学者们对此提出过许多不同的看法,然而,一个广泛的共识是,智能是一系列能力的总和,这些能力使得拥有智能的主体能在不同的环境中实现自己的目标。智能并不是人类独有的,因为所有动物都在一定程度上具备相似的能力,使得它们能做出明智的选择,从而尽可能提高其在所处环境中成功生存和繁衍的机会。但是,相比起地球上的其他生命形式,人类的智能获得了更突出的成就,也让人类在许多方面超越了其他动物。例如,只有人类能建造出太空船,将人类个体带到地球的大气层以外,然后再安全返回。更让人惊叹的是科学技术日新月异的发展速度。在这方面,数字计算机的发展也许是最有说服力的例子。区区半个世纪以前,有史以来第一台使用集成电路技术的计算机才刚被建成,并被装配在"阿波罗号"航天飞船的导航系统中。而在今天,世界各地亿万人口袋里的小小手机,性能都比它们在"阿波罗号"上的始祖要强大几十万倍!

古往今来,人类把智能运用在了各种各样的问题上,从寻找食物和水源,到解决物理学和数学难题。事实上,我们这个物种一直对宇宙中的一切充满了好奇心,这其中也包含了我们自身的智能。本书将探讨好奇心在人类和其他动物的智能中起到了怎样的作用。了解智能的起源和局限性,不仅仅是为了满足我们的好奇心,还有更为实际的好处。我们在现代社会中面对的各种问题,终究要靠智能来解决。因此,认识到我们自身的智能可能存在怎样的弱点和偏差至关重要。对自身的认识将有助于我们不致过分自满,并对他人的想法更为宽容,从而以更平和的方式调解社会中的各种冲突。

智能给我们带来了许多好处,但它的局限性也会给我们惹麻烦。困扰当代社会的诸多问题其实都是人类活动的产物。从大气污染到交通事故,这些棘手的问题都是我们用来解决其他(通常更简单、更基本的)问题的技术所带来的副作用。有朝一日,更加先进的技术或许能为这些涉及人类基本物质需要的问题找到解决方案。然而，即便到了那个时候，新技术带来的利益也难以立即惠及所有人。这时，要让构成人类社会的亿万陌生人都认可某一种利益分配方案，难度可想而知，结果往往只是无休止的政治争论，甚至是冲突或者战争。这些社会争端可能是人类智能面临的最大挑战。

为了和平解决这些争端，从我们自身出发，了解我们的智能可能会如何误导我们，并阻碍我们达成妥协和让步，是很有帮助的。社会冲突的源头，可能是人们有着不同的利益取向，也可能是有着共同目标的人们对该目标的具体实现方式存在分歧。对这两种情况，智能都有着关键的作用。如果人们各怀目的，他们需要依赖智能来找到折中方案。如果人们有着相同的目标，却对实现目标的共同策略有不同意见，对智能及其局限性的了解也许能有力地促进他们仔细审视各自的推理过程，发现潜在的误区。如果不了解智能给我们带来的偏见，即便有好的初衷，我们都可能把事情弄得更糟。

建立对于人类自身智能的严谨科学认识，还能帮助我们更好地应对人工智能快速发展而带来的新问题。人工智能是否会超越人类智能？如果会的话，在什么时候？许多人都发表了各自的见解和猜想。毫无疑问，要真正回答这两个问题，我们需要对人类智能和人工智能两者都有足够深刻的认识。本书将阐明智能与生命演化史是不可分割的。生物智能得以产生和发展，终究是为了保证其拥有者的生存和繁衍。即使是最原始的生命形式，也能在一定程度上适应环境，因此也就多少具备了一些解决问题的技能。相比之下，人工智能的发展历程截然不同。人工智能仅仅走过了不到一个世纪的历史，但人工智能和计算机工业在这段时间里发生了天翻地覆的革新，而同一时期人类智能却几乎没有丝毫变化。尤其是在过去十年间，人工智能取得的进步令人拍案惊奇。现在，人工智能可以轻松解决许多曾经需要大量人力成本的实际问题。不仅如此,在诸如医学诊断、复杂游戏(如围棋)等曾被认为人类还将长期保持对计算机的绝对优势的领域里,人工智能的表现已经把人类专家甩到了身后。

当然,要在一本书里巨细靡遗地介绍智能是一项不可能的任务。无论是要了解智能的起源和进化,抑或要预测智能的未来,我们都必须海纳百川地拥有跨学科的知识,才能透彻地理解智能的本质。智能并不直接可见,也难以测量。要探究一个如此抽象的概念,我们只能先从观察有智能的个体的行为出发,然后根据一定的理论框架,解读观察到的数据,进而揣摩智能是什么。本书的目的,是向读者展现智能的方方面面。为了达到这一目标,我们需要熟悉用于分析人类与动物行为的方法。智能通过行为表现出来,而行为又是脑功能的产物。因此,理解脑的结构和功能是打开智能奥秘的一把钥匙。过去数十年间,神经科学的研究取得了巨大的突破,生物智能(包括人类智能)的神秘面纱正在被逐渐揭开。我之所以写作本书,正是希望与读者分享这些激动人心的新知。

为了掌握智能的真正本质,本书将探索几个重要的相关领域,例如:

(1)心理学:心理学缜密的方法论,可用于研究人类与动物行为的重要原理,因此我会介绍心理学中的一些重要概念和实证发现。

(2)神经科学:如前所述,行为是由脑和组成脑的神经元控制的,因而我也将引用大量来自神经科学的原理和证据。

(3)遗传学与进化生物学:漫长的进化过程带来了形式各异的神经系统,进而产生了种类繁多的基于智能的行为,因此了解遗传学和进化生物学的背景对于认识智能也是不可或缺的。

(4)经济学:智能是一种在不同环境中做出合理决策的能力,为了进一步阐明决策究竟是什么,我们将探索经济学领域中的一些优美的理论框架。

（5）计算机科学：为了说明生物智能和人工智能之间的相同点和差异，我还将简要讨论数字计算机的工作原理。

为了从多方面向读者描述智能的全貌，我将尽力论述上述领域中与智能相关的要点。然而，需要指出的是，我并非所有这些领域的专家。因而，本书的部分材料和论点属于我个人的观点和猜想，这些内容我会在相应部分尽可能明确指出。对于某些重要的问题，尽管答案尚未有定论，我认为与其绝口不提，不如在书中为其留有一席之地，以保持论述的完整性。

接下来，我将对本书的内容作简要概括。

智能是生命的一种功能，而生命是一个自我复制的物理体系，但其自我复制过程并不是完全精确的。因此，当生命进行自我复制时，产生的复制品至少偶尔会与原来的版本稍有区别。尽管这种情况并不经常发生，产生的区别也往往比较轻微，但当类似情形一而再，再而三地发生，日积月累，一些新的版本的自我复制能力就可能超出原始的版本。而生命处在怎样的环境，决定了哪个版本能够最有效地对自身进行复制。也就是说，进化是长期积累的随机变异和环境的选择作用相结合的产物。

不同的生命体都需要适应环境，因而所有的生命形式都发展出一种能力，通过选择合宜的行动以提高生存繁衍的可能，这便是智能的本质所在。因此，在面对一系列不同的环境时，一种生命体为了成功地进行自我复制而解决的问题越复杂，则这种生命体拥有的智能水平越高。换言之，自我复制的效率可以作为评价智能高低的一个客观标准。从另一方面看，假如抛开生命，我们是否还能评判智能的高低？现在还没有答案。人工智能是由人类设计和管理的，并且被用来实现人类制定的目标，所以，它们只不过是人类智能的替代品而已。如果一台机器仅仅能够服从指令，为他人的目标服务，那么它就算不上真正具备智能。

所有生命形式都是进化的产物。尽管它们在各自的智能指导下，表现出特点各异的行为，但究其本源，这些行为都是因应其生活环境，为了提高自身存活和繁殖机会而"定制"的。因此，为了找到智能的本质，本书将讨论大量基于智能的行为，例子不仅包含人类以外的动物，例如水母、章鱼，还将涉及动物界以外的物种，例如植物和细菌。为了突出我们在认识脑与行为时面对的挑战，我们将讨论简单的行为（如眼球运动）是怎样被多种算法和神经硬件所控制的。尽管眼动本身并不能移动任何外界物体，但它们在许多重要的原理上与更复杂的行为相通，可以为后续讨论奠定基础。

要充分理解人类智能的本质，就不能对脑如何控制行为这个问题避而不谈。所有动物的脑，包括人脑在内，都是进化的产物。它们之所以能在进化过程中产生并一直保留下来，说明它们在过去对其所有者的生存和繁殖做出了贡献。在20世纪，许多科学发现都表明，复杂的、基于智能的行为来源于脑中大量神经元之间精巧的相互作用。因此，在了解智能的征途上，脑的基本运作方式将是我们的必经之路。

从生物学的角度来说，我们身体的所有器官（包括脑），都要消耗能量才能维持运转和进行修复。任何器官对生物体的贡献都要大于维系该器官的能量成本，不然它就会在进化过程中被除去。而且，如果在一个世代中，某个器官发生的新变化使得生物体无法繁殖，即便这一新变化能带来怎样精妙的副产品，它在下一个世代中都必然不复存在。这些法则对脑也一样适用。正如进化过程赋予心和肺的功能是将各种营养物质和代谢物运输到动物所有细胞一样，脑也有专门的角色，就是快速、及时地应对环境中难以预测的各种变化。要执行这项任务，脑需要具备足够的自主性，进行独立的判断和决策，而不是从基因编码的指令中推导出最适当的反应——那样的话就太迟缓了。这样一来，脑和基因之间就产生了潜在的利益冲突。一方面，脑自身的存在和发展进化完全依赖于基因；另一方面，脑又必须能自主决策，并且在生存和繁殖这两种需求发生冲突（这样的情况十分普遍）时做出裁决。如果脑做不到这两点，它就没有存在的必要。

当然，在基因与脑的关系中起主导作用的，是基因，而不是脑。脑只不过是基因用来协助自我复制的代理人而已。虽然如此，脑却能守卫所属动物个体的基因，使其不致灭绝——脑能探测动物所在环境的变化，并及时用合适的行为做出反应，而不是等待基因编码的指令通过生物化学过程被翻译成物理行为。正是因为脑，动物才能通过许多不同的方式，对所处的环境进行学习。在本书中我们将了解到，在不同的学习算法之间灵活切换，是更高层次的智能的必要条件。

人类智能与其他动物智能之间的区别，在社会情境中最为显著。人类通过语言和其他符号来交换大量的信息。另外，他们还能预测其他人知晓信息之多寡，对事物喜恶与否，以及有何企图。借助这些社会化的信息，人类得以创造出高度复杂的文化与文明，而这种能力在动物界极为罕见。本书的最后一章将探讨这种社会智能最终怎样促进了人类自我意识的形成，并且可能会带来什么问题。我们会看到，即便人类智能如此强大，它可能也有永远无法解决的问题。

第 1 章

智能的层次

Chapter 1　Levels of Intelligence

从细菌、植物、动物到人类的智能,都是解决各种问题,以适应不断变化的环境的能力。

在人类历史的长河中,对人之本质的探究一直都是哲学思辨的重要主题。现在,生物学已经可以对许多相关的问题做出解答。生物学中的许多分支,包括细胞生物学和灵长类动物学,都试图精确地理解人与其他动物的区别。这些研究往往会给出相似的结论:归根结底,人类与地球上的其他生命形式有许多共同之处。我们已经知道,人类和黑猩猩在遗传信息上的差异小于2%。许多灵长类动物的视觉系统在解剖结构和神经生理学上都高度相似,因此人类和猴子对环境的视觉体验很可能是大体相同的。事实上,我们很难在人类身上找出无法超越的、其他动物并不具备的素质和特性。举个例子,地球上生命形式都由细胞构成,所有的动植物都不例外。它们都通过复制和传递自己的遗传物质，将自己的身体特征赋予后代。也许在我们看来，不同的动物有着迥然不同的行为，但其实所有行为都源于动物身体上肌肉的收缩和舒张，并且这些肌肉活动在时间、空间上都是精密协调的。再进一步说，肌肉的收缩和舒张服从神经元发出的指令，而所有脊椎动物的神经元的结构与功能都是高度相似的。

因此，如果你试图在基本构造的层面上寻找人类和其他动物的本质区别，你很可能将无功而返。然而，人类却取得了众多卓越的技术成就。人类发明并制造了不同用途的工具，如手斧、农具、车轮和武器。通过使用这些工具，人类得以凌驾于其他动物之上，甚至借助火箭探索外太空。在我们居住的这颗行星的45亿年历史中，从未有其他物种能够做到这一切。是什么赋予人类如此与众不同的能力？答案是智能。正是人类智能，使得人类能够获取科学知识和技术，并由此发展出其他动物无法获得的独特生活方式。

当然，智能并不是人类所独有的，其他动物（和植物）也拥有智能。所有动物都运用它们的智能来适应环境变化。通过对动物界中不同形式的智能进行细致的比较，行为生态学家和灵长类动物学家能够精细地找出，人类智能与其他动物的智能之间有何不同。在这一章里，我们将会遵循相同的思路：要讨论人类智能的特殊之处，我们必须首先探讨动物、植物（甚至细菌）的智能。

然而，如果我们要将目光延伸到人类智能以外，我们首先需要重新审视"智能"这个词的含义。在科学研究中，宽泛的定义往往是不够的，因为它们无法准确地反映实证事实与理论思想。为了更好地为本书的目的服务，我们要对智能做出明确的定义。另外，虽然智能与神经系统具有密不可分的联系（至少在动物身上如此），这并不意味着缺乏神经元或者神经系统的生命形式就无法具备智能。但毕竟动物的智能依然是我们最为熟悉的智能类型，而它依赖于神经系统各部分的协调行动。因此，本章还将涵盖讨论神经系统重要特征时需要用到的基本术语，如神经元、动作电位、连接组等。这些术语中的大多数将贯穿全书各章节的讨论。我们的目标是，以进化为背景，更好地认识人类智能的本质。

智能是什么？

在我们的日常生活中，如果某人通过复杂推理或者快速运算解决了一个困难问题，我们往往会把他（或她）描述成聪明或智能很高的人。然而，智能的概念可以拓展到更广泛的思维活动，如思考、想象，甚至是对他人的同情心。换句话说，智能包括了一切形式的心理活动。智能是生命的一种功能。它存在于所有生命形式，并不局限于人类。

相反，智商（Intelligence Quotient，IQ）是根据某种标准化测试的结果计算得出的总结性分数。因此，我们不应把智商的分数与智能本身混淆。当然，用于测量智商的测试与其他特定科目（如历史或物理）的测试并不相同，因为智商测试并不旨在测试某个特定学科领域积累了多少知识。智商测试的特殊之处在于，它们是被心理学家设计出来、用于评估特定认知能力（如记忆或类比推理）的测试。诚然，人们日常生活中从事的许多活动——如烹饪和购物——都需要用到这些基本的认知能力，但它们并不能完整涵盖人类所具有的行为和心理层面的全部能力。由于智商测试依赖于语言，因而它对测量人类以外其他动物的智能无能为力。所以，智商测试对了解智能的本质只能起到有限的帮助。

虽说智商也许不能反映人类认知能力的全貌，但它们仍有其重要性，这其中有两个原因。第一，简单的数值分数是否可以简洁明了地总结出人类多种多样的生理和心理能力,这是一个有意义的科学问题。例如,作为智商测试的早期倡导者中的一员,弗朗西斯·高尔顿（Francis Galton）在 19 世纪末期提出假说,认为智能与一系列神经反射和肌肉力量相关,但他未能找到支持该假说的实证数据。在 20 世纪初,法国的阿尔弗雷德·比奈（Alfred Binet）为了甄别有智力障碍的儿童,开发了一套智商测试,获得了更大的成功。几乎与此同时,英国的查尔斯·斯皮尔曼（Charles Spearman）观察到,许多不同的学术成绩的数值之间往往存在相关性,由此他提出了一个重要的概念创新:他发明了一种被称为因素分析（factor analysis）的统计学方法,并使用该方法推导出了一个智能的概括性指标,称为"g 因子"。然而,即便是斯皮尔曼本人,也不认为"g 因子"能够完全反映人与人之间智能上的差异。

第二,即使智商测试并不能完整测量人类的认知能力,它们的实用价值也不可忽略。即便在今天,许多学校和公司都依靠一些测试来筛选学生和雇员,而多数这些测试都试图找出不仅具备特定知识,而且还具有高智能的人员。事实上,智商测试在美国的普及,很大程度上归功于第一次世界大战期间在征募军官时广泛使用的 α 和 β 智商测试。然而,即便在当时,这些测试的使用者就已清楚地认识到,这些智商打分旨在测试如词汇量、类比、模式完成等特定的能力,并不能全面概括应征人员和战士们的综合能力。

如此说来,智能到底是什么？英文中"智能"（intelligence）这个词,来源于拉丁语中的动词 intelligere,它的意思是理解或感知。在词典中,智能的常见定义有"获取和应用知识和技能的能力"（《牛津英语词典》）和"学习、理解、处理新的或者困难处境的能力"（《韦氏大辞典》）。学者们对智能也做出过不同的定义。例如,霍华德·加德纳（Howard Gardner）认为,"智能是在某种或多种文化背景中，解决有价值的问题或创造有价值的产品的能力"。相比之下，人工智能研究者马文·明斯基（Marvin Minsky）和雷蒙德·库兹韦尔（Raymond Kurzweil）将智能定义为"以优化的方式使用有限资源——包括时间——达成目标的能力"，以及"解决困难问题的能力"。在分析了约 70 种不同的智能定义后，谢恩·莱格（Shane Legg）与马库斯·胡特（Marcus Hutter）提出了他们对智能的定义：个体"在多种不同环境中实现目标"的能力。

大部分对智能的定义都有一些共同点：智能是解决问题的能力，更复杂的问题需要更高水平的智能。比如，能求解微分方程，比起能把两个一位数相加，是更具智能的表现。又比如，会下一手好围棋比会玩井字棋一类的简单游戏要更有智能。但是，能够求解一种特定的问题，并不一定意味着智能很高，哪怕这种问题非常复杂。例如，虽然电子计算器能求解很复杂的算术问题（如两个很大的数字相乘），但我们并不会认为计算器具有高度智能。这是因为，计算器的能力仅限于解决算术问题。它们不能下围棋，也不能为你的晚餐提供建议。所以，一个智能水平较高的人要能很好地解决许多不同类型的问题。比方说，如果你擅长下棋，也可以做出准确的天气预报，必要时还善于制订成功的政治和军事策略，人们可能会认为你是个智能水平很高的聪明人。

的确，各种生命形式面临的问题都是不断变化的。你永远无法准确预测你接下来可能需要处理的问题，因此你很难提前准备好某些特定的知识和技能，用来解决将来要遇到的问题。另外，迅速找到一个足够好的应对方案，而非花费过多时间找到最好的答案，也是至关重要的。简而言之，智能是解决各种问题，以适应不断变化的环境的能力。然而，这一定义还不够充分，因为在日常生活中，我们面对的许多问题与数学问题不同，并没有客观意义上的正确答案。例如，你正在思考晚饭吃什么，晚餐菜单的好坏取决于做饭的是谁，吃饭的又是谁。因而，智能不仅仅是解决数学或逻辑问题的能力，它能挑出最佳选项，保证决策者（主体或代理人）获得最想要的结果。换句话说，智能是做出好决策的能力。

我们还应意识到，决策者自身的偏好（preference）是智能的先决条件。在自然界中，我们很容易遇到一些例子，使我们难以判断一个特定的行为是否具有适应性，进而是否体现了一种智能。例如，当我们被病毒或其他寄生生物感染时，它们会在我们的身体中产生干扰我们正常行为的症状。当我们感冒时，我们会打喷嚏、流鼻涕，这些症状有助于感冒病毒传播给下一个受害者，直到我们充分启动免疫应答机制，消除这些症状。因此，虽然对我们自身而言，打喷嚏或鼻腔分泌物增多并没有蕴含多少智慧，但是对病毒来说，在它们的人类宿主身上制造这些症状可能具有适应性，因而也具备了智能的性质。虽然说病毒依赖其他生命形式进行复制，算不上一种生命形式，讨论病毒的偏好或智能或许略微有些夸大，但如果将病毒给感染者带来的这些症状作为智能的一种原始形式或者前身来考虑，也许对探究智能是有益处的，因为这些症状有助于病毒的复制和繁殖。

人生是延绵不断的选择，在每一时刻，我们都在众多可能的行动中选择一个。在我们的日常生活中，我们从事大量的活动，比如在晚餐后看一场电影。即便是像这样相对简单的任务，例如决定吃什么、看什么电影，选项的数目也可能很大。如何做出这样的选择、选择的质量如何，反映了在幕后起到主导作用的智能。因此，为了评估一个人的智能高低，我们还要考察他可能做出的全部行为。如果我们不考虑他的全部行为，可能会低估了一个人的智能。比如，如果我们不关注一个人的肢体语言，只聆听他的讲话，就不能全面地看到他的交流能力。

所有的生命形式都为自身的生存和繁衍做出各种选择。在此以外，人类创造的机器乃至计算机程序也可以做决策。在本书中，我们将试图理解这些不同类型的决策过程，以及智能在这些过程中的表达。智能最终表现在行为上，我们只能通过行为这个窗口，窥视在其背后起驱动作用的智能。因此，我们将首先讨论如何区分不同类型的行为，以及如何识别它们。由于动物行为受其神经元和脑的控制，我将简要讨论脑与行为之间的关系。

无须神经元的智能：从细菌到植物

行为是什么？从广义上来说，行为指的是一个系统对某个事件的响应。我们通常以为，行为是动物独有的，它在其他生命形式（如植物）中不存在。这种观点其实是错误的。即使机器也可以有行为。例如，一个恒温控制元件通过操控电暖器或空调来将室温保持在固定水平，这也是一种行为。我们将在后面的章节中，再回过头来讨论机器的行为和智能。在这里，我们将重点探讨不同生命形式中存在的各种行为。

生命对所处环境中的事件做出响应的方式是多种多样的。首先，要产生一种行为来处理环境中的信息，并由此控制自身的运动，并不一定要通过神经元。即便是单细胞生物（如细菌），也能依据环境中的刺激来调控其运动。例如，我们肠道中的一种常见细菌——大肠杆菌——会自发朝营养物质浓度更高的地方移动。这种行为被称为趋化性。大肠杆菌可以在"前进"和"翻滚"这两种运动模式之间相互切换。"前进"可以让大肠杆菌向某个方向稳定地运动，而"翻滚"则是不断随机改变运动方向。大肠杆菌可以根据许多化学物质的浓度变化在这两种模式中选择。假如有益物质（如食物）的浓度沿着当前运动方向升高，或者有害物质的浓度下降，它们会继续执行前进模式。相反，如果有益物质的浓度下降，大肠杆菌则会提高翻滚的频率。通过重复这一过程，它们可以逐渐靠近化学环境对它们最有利的区域。从大肠杆菌能够判断某种物质浓度是上升还是下降这个事实中，我们可以推断出，它们能够记住该物质之前的浓度，并与当前浓度做比较。因此，即便在大肠杆菌的这种简单行为中，我们都可以找到智能行为的两个基本元素：（1）记忆先前经历的能力；（2）将记忆中的内容与当前的感官输入进行比较的能力。

趋化性是趋性行为（taxis）的一个实例，趋性行为是一种使生物体靠近或者远离某种刺激的先天行为。趋性可以根据相关刺激的性质分为几类。在趋化性（对特定化学物质的反应）以外，趋性还包括趋光性（朝向或离开光源的运动）、趋热性（朝向高温或低温的运动）等。植物中也有类似的行为。虽然植物很少具备从一个地方移动到另一个地方的能力，但它们可以根据光照方向调整自身的朝向或者生长的方向。植物还需要不断根据地下水和土壤中其他物质的情况选择将根系往哪里生长。这种调整身体朝向或生长方向的能力被称为向性（tropism）。例如，由于大多数植物依赖光进行光合作用，收集光照对它们来说尤为重要，因而它们普遍具有将枝干朝向光源并向该方向生长的能力，即向光性。向光性的化学基础相对简单，其核心是一种叫作生长素（auxin）的植物激素。生长素的作用机理是削弱细胞壁，进而导致细胞体积增大（图1.1）。向光性的关键在于，生长素一般富集于远离光照的一侧。这样一来，如果光照来自某个方向，位于植物另外一侧的细胞就会变大，整个植株就会朝着光源方向弯曲。

总而言之，单细胞生物和植物的行为局限于诸如趋性、向性一类的简单形式。与之相反，动物具有肌肉组织以及能够快速、有选择性地控制肌肉的神经元，因而动物行为模式的多样性远远超过植物或细

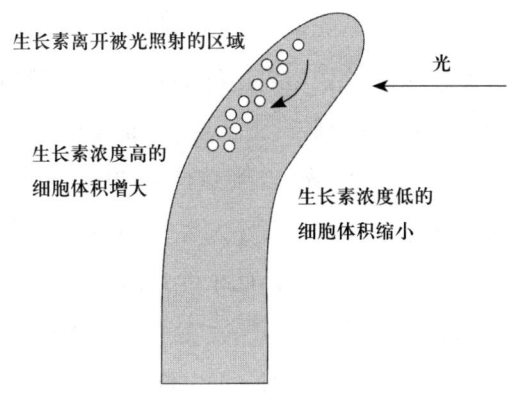

图 1.1 趋光性

菌,这也使得动物的决策过程变得更加复杂。在动物身上,行为的选择和决策的制定依赖于众多神经元的协调行动,而神经元又进一步形成神经系统(例如脑)。因此,我们现在需要简要讨论神经元和神经系统是如何工作的。

神经系统的运作

神经系统的功能是根据来自外部环境的感觉信号以及内部以记忆形式储存的信息来控制肌肉活动。换言之,神经系统的职责是做决策——在当前环境中选择最合适的行动,并以肌肉活动的方式实现。动物的智能取决于其神经系统。那么,神经元和神经系统是如何运作的呢?

神经系统由神经元(neurons)组成。神经元是专门用于在单个细胞以内和多个细胞之间传递信息的细胞。它们从外部环境或者其他神经元获取化学、机械和电信号，然后对这些信号加以进一步的整合与处理。这一过程完成后，产生的输出信号会被传递到与之接触的其他神经元或肌肉组织中去。在神经元内部，电信号的产生通过对细胞膜两侧的电压改变来实现，这一电信号可以从单个神经元的一个区域传播到另一个区域。细胞膜两侧的电位差（电压）被称为膜电位（membrane potential）。对于大多数动植物细胞和细菌，细胞内部比外部拥有更多的负电荷，因此相对于细胞周围的环境来说，细胞的跨膜电压通常在 -80 到 -40 毫伏。这被称为静息膜电位。当一个神经元接收到某种适当的刺激时，膜电位会发生变化，进而从被刺激的区域传播到其他区域。

许多神经元的样子看起来像一棵树（图 1.2）。神经元通常拥有大量类似树枝的分支，这些分支被称为树突（dendrite），这个词来源于希腊语中一个表示树的词 dentron。树突是接收来自外部环境或其他神经元的化学或其他信号的区域。神经元的中心区域称为胞体，它包含了存储遗传物质的细胞核，以及许多细胞器及其他结构。大多数神经元还拥有发自胞体的细小纤维，它们被称为轴突。轴突将信号从

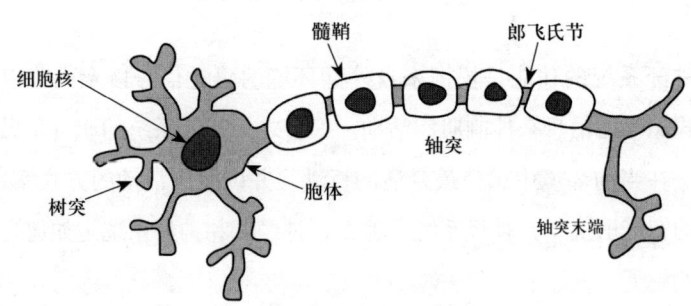

图 1.2　神经元的结构

胞体传递到其他神经元或肌肉组织中去。然而，一个神经元内部产生的信号并不一定都会被传递到该神经元以外。神经元内部的电信号是否会被输出，由胞体和轴突之间的一个称为轴丘的过渡区域决定。当轴丘的膜电位上升到某个阈值时，它将会发生快速而剧烈的变化，这称为动作电位（action potential）。在一个小于 1 毫秒的很短的时间段内，膜电位甚至会变成正的。动作电位是一种"全或无"的现象，意思是说，一旦产生了动作电位，它就会沿着轴突传播下去，而且电压大小几乎保持不变。当动作电位抵达轴突末端时，它将触发特定化学物质（神经递质，neurotransmitter）的释放。因此，神经元内部的电信号在轴突末端被转换成化学信号。来自一个神经元的信号在两个神经元互相接触的地方——称为突触（synapse）——传输到下一个神经元。通过轴突末端发出信号的神经元称为突触前神经元，而接收这一信号的神经元称为突触后神经元。

当轴突末端释放出神经递质后，神经递质在突触前神经元和突触后神经元之间的狭小空间发生扩散，并与突触前神经元上的特定分子（受体，receptor）结合。具体是哪种神经递质与其受体发生结合，决定了突触后神经元的膜电位将会如何变化。因此，突触可以分为两种——兴奋性突触与抑制性突触。在兴奋性突触中，神经递质与其受体的结合引起突触后神经元的电位升高，从而使动作电位更容易产生。与此相反，在抑制性突触中，神经递质与受体相结合则会使突触后神经元的电位进一步降低（变得更负），因此动作电位就更难产生了。

动物的智能取决于不同类型的神经元在神经系统内的组织形式。神经元可以根据其功能分为三大类。所有动物（包括人类）的决策都源于这三类神经元的作用。首先，感觉神经元将来自环境中的光、声音等物理能量转换成电信号，以便于将信息传播到神经系统的其他部分。例如，视网膜上的光受体细胞将光能转化为电信号。其次，运动神经元与肌肉细胞直接接触，它们释放的神经递质控制肌肉的收缩。从理论上讲，一个仅由感觉神经元、运动神经元和肌肉组成的神经系统就已经具备决策的功能，以选择对所属动物个体有利的行为。然而，神经系统还具有第三类神经元，称为中间神经元，它们把感觉和运动神经元与其他神经元连接起来。

在18世纪后期，路易吉·伽尔瓦尼（Luigi Galvani）发现，动物的神经系统使用电信号，但是他并没有完全弄清这些信号的本质。直到1848年，埃米尔·杜布瓦-雷蒙（Emil du Bois-Reymond）才发现了动作电位。有趣的是，也许很多人认为，只有具备神经系统的动物才有动作电位。其实，即便没有神经元和神经系统，动作电位仍然

图1.3　捕蝇草。引自William Curtis（1746—1799）所著《柯蒂斯植物学杂志》（*Curtis's Botanical Magazine*）。本图由美国农业部农业研究局下属的美国国家农业图书馆提供

存在于一些植物中。例如，捕蝇草（图1.3）可以通过关闭叶片来捕捉小型的昆虫或蜘蛛，然后释放出消化酶，在几天时间内从猎物身上缓慢地获取营养物质。捕蝇草之类的食虫植物没有神经元，但它们叶片上的感觉毛在受到物理刺激时也可以产生动作电位。这些动作电位传播到叶片各处，触发其关闭动作。捕蝇草能够产生动作电位这一事实早在1872年便由约翰·博顿-桑德森（John Burdon-Sanderson）发现（他的另一项重要成就是在1871年发现青霉菌能抑制细菌生长，在此基础上亚历山大·弗莱明（Alexander Fleming）在1928年发现了第一种抗生素——青霉素）。

捕蝇草一类的植物能在发现猎物以后关闭叶片将其捕获，这一事实意味着它们具备做决策的基本能力。由于植物不像动物那样具备复杂的神经系统，它们的感知和运动功能比较有限——关闭叶片的过程很大程度上是由施加在叶片上的机械刺激驱动的。试想一下，如果这些植物的叶片一受到刺激就要关闭，那将是十分低效的。要是叶片在虫子还没完全进入叶片范围内的时候就提前关上，很可能就会让虫子逃脱。其实，只有当捕蝇草的叶片在大约20秒以内受到两次以上连续的刺激时，它们才会关闭。这样一来，叶片关闭后能成功捕获猎物的把握就大多了。一个相似的例子是浮钓，钓鱼者一般不会理会浮子的第一次移动，而会等待诱饵被鱼完全咬住才起钓。对于同样的刺激，捕蝇草会根据在它之前是否有过另一个刺激而做出不同的反应，这也表明捕蝇草对于最近的经历有一种简单形式的记忆。

反射：简单的行为

虽然捕蝇草和其他食肉植物能根据外界的物理刺激来开合叶片，这些反应比起动物的肌肉活动要慢得多。正是有了肌肉组织，动物才真正与植物区别开来。据估算，肌肉细胞出现在大约6亿年前，这也是动物首度在地球上出现的时间。有了能够快速收缩和舒张的肌肉，动物才能以大大快于细菌的速度移动到不同的位置。肌肉也使得动物能够捕获和消化其他生物体，从而迅速掠取大量能量。

然而，肌肉活动所产生的行为并不总是对动物个体有好处。比如，如果动物罔顾周围环境的情况，都只是随机四处游荡，这只会徒增被天敌捕获并吃掉的可能性。因此，只有当动物能合理控制肌肉时，它们才是有益的，而这正是神经元和神经系统的职责。由神经系统控制的行为可以分为反射（reflex）和习得行为（learned behavior）两类。反射这类行为完全取决于触发该反射的特定刺激，而习得行为则可根据动物个体的经历被修改。大多数人类行为，如演讲和演奏乐器，是习得性的。本书后面的章节将广泛涉及习得行为的学习过程，但是为了从广义上了解动物的智能，我们不应忽略反射行为及其神经机制。

在进化过程中，动物的神经系统发生了巨大变化，从现今存在的各种动物的神经系统在结构上差别巨大这点便可见一斑。脑是所有脊椎动物（包括人类）神经系统的一个部分，但并非所有动物都有脑。无脊椎动物的神经系统具有非常不同的形态。了解神经系统的结构与功能在动物界中的区别，能很好地帮助我们推测神经系统在进化过程中的变迁。而且，研究其他动物相对简单的神经系统，常常能对人脑如何工作提供重要的线索。秀丽隐杆线虫（以下简称线虫）就是一个著名的例证。

由于其神经系统相对简单而且几乎没有个体差异，线虫被许多神经科学研究者用作实验动物。线虫居住在土壤中，身长大约1毫米，分类学上属于线虫动物门（也称圆虫）。一条成年线虫拥有大约3000个细胞。相比起由30万亿到40万亿个细胞组成的人体，线虫要简单得多。线虫的细胞大致可以分为数量基本相同的两类：一、当线虫个体死亡时与之一道消亡的体细胞；二、具有繁殖能力的生殖细胞。体细胞中大约只有 100 个肌肉细胞，但它们足以产生线虫生存所需的所有运动，包括探索环境时的侧向头部运动以及向前、向后游动。

线虫的神经系统尽管极其简单，但仍然存在性别差异。雄性线虫拥有 385 个神经元，而雌性有 302 个。但是，在同一性别中，神经元的数量没有个体差异。如果线虫的每一个神经元都与所有其他神经元有连接，雄性和雌性线虫将会分别拥有 147840 和 90902 个突触。实际上，据估计，线虫的突触数量大约为 5600 个，即所有可能存在的连接数量的 4%～6%。线虫的神经元之间的连接是大致固定的，与此相符的是，大多数线虫的行为都是完全由周围环境的直接刺激所决定的反射行为——如果它发现左边有食物，它会转向左侧；如果左边存在有害物质，它会转向右侧。

水母是另外一种受到神经科学家关注的无脊椎动物，尽管用实验方法来研究它们比线虫更具挑战性。作为动物，水母自然具有神经系统，其神经元组成一个网络，称为神经网。在不同类型的水母中，箱形水母（图 1.4）具有最为先进的神经系统。它们拥有多个带

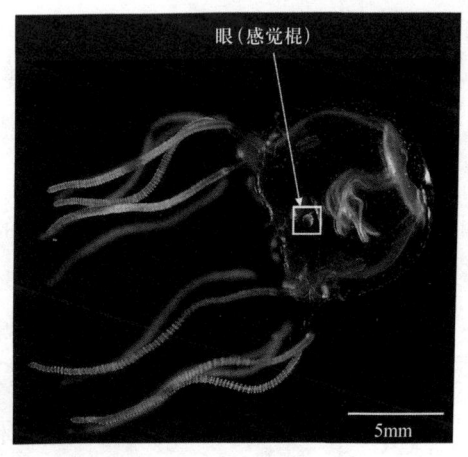

图 1.4　箱形水母（Tripedalia cystophora）。引自 Bielecki J, Zaharoff AK, Leung NY, Garm A, Oakley TH（2014）Ocular and extraocular expression of opsins in the rhopalium of *Tripedalia cystophora*（Cnidaria: Cubozoa）. PLoS ONE 9: e98870（原文图 1A）

有晶状体的眼，因而能够在从环境中接收到的视觉信息中分辨出不同的模式。它们还能通过游泳找到盐度适中的水域，以及以太阳位置为参照沿着特定方向游动。它们能够避开掠食者，并且与其他水母形成团体。然而，我们还不了解水母的智能水平，这至少在一定程度上因为水母会用触手蜇人，使得科学家更难以仔细观察水母的自然行为。但是，科学家推测，就像线虫一样，水母的多数行为可能只是反射。

反射的局限性

与人类的神经系统相比，线虫和水母的神经系统要简单得多。线虫是神经科学家们常用的动物模型，而水母的神经系统对于我们而言仍然很陌生。但是，论常见程度，它们都远远不及另一类在神经科学研究中也很受欢迎的动物——昆虫。昆虫的神经系统与脊椎动物的相似度远比线虫和水母要高。虽说如此，反射仍然在昆虫的行为控制中具有举足轻重的地位。

昆虫是许多其他动物的食物。因此，其神经系统的一项重要任务，便是尽快发现掠食者，并且迅速逃脱险境。尤为重要的是，这套机制必须能够不舍昼夜地持续工作。试想一下，假如蟑螂只能利用视觉信息来逃避掠食者，它们就很容易被依靠化学或听觉信息在夜间捕猎的动物吃掉。蟑螂拥有一对看似尾巴一样的尾须（图1.5），这是其防御系统的一个重要部分。尾须上覆盖的毛发对空气的微小扰动极为敏感。当你抄起拖鞋，朝一只蟑螂拍去时，它能迅速感觉到拖鞋带来的风，然后立刻朝相反的方向逃走。从蟑螂的感觉神经元探测到空气的流动，到开始逃逸反应，仅仅需要14微秒（七十分之一秒）。这种快速的逃逸行为一定是进化的结果。如果有别的动物与蟑螂相似，但缺乏这样的逃逸能力,那么它们将更可能被掠食者吃掉,从而渐渐消亡。

为了能产生如此迅捷的逃逸反应,控制它的神经系统一定得比较简单。事实上,如果剖开一只蟑螂的腹部,仔细检查其身体结构,我们能轻易发现负责逃逸反应的一组神经元(图 1.5)。首先,尾须上的毛发拥有一些对空气流动特别敏感的感觉神经元。这些感觉神经元的轴突一直延伸到位于神经节(一个由许多神经元的胞体组成的结构)的中间神经元。位于尾须的感觉神经元与腹神经节中的巨大中间神经元相连,而后者的轴突又与位于胸神经节的中间神经元相连。最终与运动神经元接触、操控蟑螂腿部肌肉运动的,正是胸神经节的中间神经元。这个相对简单的神经回路使得蟑螂能够在如此短的时间内启动逃逸反射。据估算,蟑螂以及相似的物种已经在地球上存活了三亿六千万年。蟑螂在进化上如此成功,想必在一定程度上也要归功于它

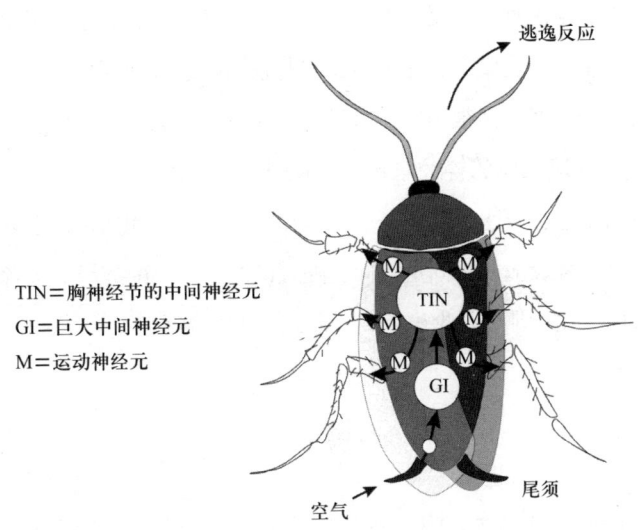

图 1.5　蟑螂逃逸反应所用到的神经系统

们的神经系统，赋予了它们出众的逃逸能力。

反射有一个重要的缺陷。假如只靠反射和与之匹配的简单神经系统，就能解决动物在环境中可能遇见的所有问题，那么我们就不会见到当今存在的许多更为复杂的神经系统了。还是让我们来考虑上面谈到的蟑螂的逃逸反应：触发这一反射的，是蟑螂身体的一个特定部位（尾须）感受到一种特定类型的刺激（风）。当这种刺激被专门的感觉神经元探测到时，一组相互连接的神经元像链条一样，将相关信息传递到特定的运动神经元。这些运动神经元专门控制蟑螂身体另一特定部位（腿）的肌肉，使其以一种预设好的特定方式活动（奔跑）。这一整个过程，基本上不受其他可能影响蟑螂生存的因素影响，如风产生的原因、感受到风的时候蟑螂有什么其他目标等——尾须一旦探测到空气流动，便会自动引发逃逸反射。现在不妨让我们想象一下，假若在某种情况下，蟑螂在进入某个巨大的食物仓库之前，必须穿过许多无害的空调出风口。如果逃逸反射总是自动触发，要在这样的环境中充分探索就变得非常困难了。反射的一个巨大优势，在于它的运行程序都被预先编制好了，完全没有变化余地，因此它运行起来速度极快。要躲避掠食者，这个策略自然很不错，可是它也有着显著的劣势。反射依靠相对简单、能快速反应的神经系统，即使某个反射在当前环境下并不合适，也没法把它停下来。反射是一种僵化的行为，因此如果对于某个刺激来说，其最佳反应并不固定，而会随着动物个体早前的经历或者其他环境因素而变化，那么反射就不是一种良好的行为策略了。

连接组

在不同种类的动物之间，神经系统的大小及其组织方式可谓天差地别。与甲壳动物（如昆虫）、软体动物（如鱿鱼）等无脊椎动物相比，脊椎动物（包括哺乳动物、鸟类、爬行动物、两栖动物、鱼类）通常具有更精细的神经系统，以及数量更多的神经元。然而，决定行为的不是神经元的数目，而是它们之间的连接方式。比如，如果没有感觉神经元、运动神经元、中间神经元之间的特定连接方式，蟑螂就无法做出逃逸反射。在脊椎动物中，大多数与控制行为相关的神经元连接都存在于脑中。

当动物移动时，它们往往会将身体的某些区域朝向其移动的方向。对于大多数动物来说，这便是它们的头部。由于大多数感觉信息都从头部方向迎面而来，因此感觉神经元大多集中于头部。另外，就效率而言，把参与感觉信息的分析与储存的神经元集中起来也是一种有利的选择。在脊椎动物中，位于头部、高度集中的神经元群体组成了一个非常复杂的结构，这便是脑。与脊椎动物的脑相比，无脊椎动物的脑往往与神经系统的其他部分并没有那么泾渭分明。至于说如线虫、水母那样更简单的动物，就更是完全没有像脊椎动物的脑那样的结构了。相比之下，在脊椎动物中，我们可以清晰地把脑与脊髓和周围神经系统区分开来。在具有脑的动物中，大多数的复杂行为都是由脑来控制的。

动物的所有行为都是通过神经系统中神经元之间的相互作用和信息交换来产生的。所以，动物的智能在很大程度上由其神经系统的结构决定。如果我们能彻底了解某种动物的神经系统的结构和功能，也许我们就能预测该动物对任意刺激的反应了。让我们来想象一下，有这样一只动物，它的神经系统极其简单，只含有一个感觉神经元和一个运动神经元。要了解该动物的智能和行为，我们先要找出感觉神经元会对哪类刺激起反应。我们还要弄清楚，当运动神经元被激活时，会产生什么样的行为。最后，我们还得知道两者之间的突触是兴奋型的还是抑制型的。假如该感觉神经元对光照很敏感，该运动神经元被激活时会使动物的嘴张开，而且它们之间的突触是兴奋型的，那么，该动物将会如何对光照做出反应？它会张开嘴。相反，试想一下，如果我们通过遗传学的手段将这两个神经元之间的突触改成抑制型的，那么该动物对光照的反应就会变成把嘴合上了。

随着感觉神经元的类型变得更丰富多样，动物就能对更为广泛的物理刺激做出反应。另外，随着肌肉组织和控制它们的运动神经元变得更复杂，可执行的行为种类也会更为繁多。然而，正如上面谈到的只有两个神经元的假想动物一样，感觉和运动神经元的性质并不完全决定动物的行为，神经元之间的连接方式也扮演了重要的角色。对于一个特定的动物，如果其神经系统只包含少量的神经元，那么我们也许能够仅仅通过其神经元的连接图谱（即回路图）来准确预测该动物对一系列不同刺激的反应。一个动物的神经系统中所有连接的详细图谱被称为"连接组"（connectome）。要绘制出特定某只动物的连接组听起来似乎挺简单，实际上困难重重。即便有了连接组，要从中预测行为也不容易。例如，我们现在已经掌握了线虫的完整连接组，它只包含大约 300 个神经元和 5000 个突触，但我们仍然无法完全预测线虫的行为。至于那些神经系统更为复杂的动物，如昆虫和爬行动物等，这样的方法能否奏效就更不好说了。

肌肉的多重控制元件

拥有复杂的脑（如人脑）能够为动物带来可观的回报，因为脑能够使动物产生比简单的反射更为复杂多样的行为，从而更灵活地适应不断变化的环境。但是，复杂行为的研究比简单行为更有难度。当一组行为与其预期达到的结果存在简单的一一对应关系时，要了解这些行为的功能是相对容易的。比如，蟑螂逃逸反应的功能及其背后的神经机制易于理解，这是由于该行为与其目的（即躲避潜在的掠食者）的关系是直截了当的。然而，一般来说，行为与其目的的关系并不是这样一对一的。例如，即便在目的完全不一样时，人和动物也可能会产生同样的肌肉收缩模式，发起同样的行为。想象一下，如果某人刚刚对你眨一只眼，这可能是他在有意对你发信号，也可能只是风吹所引起的反射。眨眼是由位于脑干的面神经核内的神经元控制的，当这些神经元变得活跃时，它们会引起位于眼睑的肌肉（眼轮匝肌）收缩。因此，要找出某人眨眼的真正原因，只靠观察行为或者测量肌肉活动是不够的，我们还得了解在他的脑中发生了什么。

当然，如果我们能记录、分析、解读一个人的脑中所有神经元的活动，或许就能完全了解他为什么会产生某个特定行为（如眨眼），以及该行为是如何发生的——只可惜在如今的技术条件下，我们暂时还做不到这一点。然而，凭借现有的实证观测数据，我们仍然可以尝试更加深入地了解人类的行为和智能。负责产生某个身体运动的神经信号可能来源于脑的许多不同部位。然而，不论该运动的目的是什么，这些信号必须在脑的某个位置汇合，然后一起沿着一条统一的途径流向肌肉。这被称为"最后共同通路"。比如，在弹奏钢琴或吉他过程中，手部肌肉会产生多种手指运动，控制这些运动的运动神经元便是最后共同通路的组成部分之一，因为任何手指运动都需要它们的参与。因此，要理解某个特定行为的成因，我们需要弄清抵达最后共同通路的神经信号究竟源自何处。

案例研究：眼动

正如我们将在本书中看到的那样，动物可以使用不止一个控制元件来选择其行为。要了解这一点，最好的例子也许是眼球的运动，简称眼动。这一方面是因为眼肌是人体所有肌肉中最繁忙的一组，而另一方面是因为它们受具有不同动力学特性的控制元件所调控。为了在任一时刻都能收集最有用的感觉信息，动物可以随时调整大多数感觉器官（包括眼睛）的朝向。眼动对于像人类这样的灵长类动物尤为有用，这是因为对它们来说，大部分关于环境的信息是通过视觉获得的。与计算机屏幕或相机上的图像不同，视网膜获取的图像的分辨率并不是处处均匀的。视网膜的中心被称为中央凹，相比起周边视野，投射到该区域的视觉信息被分析的精细程度高得多。因此，为了识别不同对象在图像上的微小差异，就像我们在读书或试图理解其他人的面部表情时一样，眼球必须准确定向，以便大脑分析重要的细节。转动眼球将目光引导到感兴趣的物体，这听起来或许只是一个相对简单的任务，但是大脑运用了至少五种由相互独立的神经回路支持的算法来实现这一功能。下面我们来简要描述这些算法。

A. 前庭眼反射（vestibulo-ocular reflex）

　　视觉需要稳定的图像。如果用不稳定的相机或手机拍摄图片或电影，将会得到模糊的影像，其中的物体也会难以识别。同样的道理，假如没有任何补偿机制，只要动物头部有些许运动，视觉就会受到负面影响。前庭眼反射使眼球沿着与头部运动方向相反的方向转动，从而稳定视网膜上的图像。这一反射的实现，需要利用内耳中的前庭器官来接收与头部运动速度和加速度相关的信号——前庭器官分别用被称为半规管和耳石的两种结构检测头部的旋转和线性加速度。大多数时候，我们并不会意识到前庭器官传达的信息，以及前庭眼反射的存在。然而，这类借助来自前庭器官的输入而产生的反射行为极为重要，例如前庭眼反射以及维持稳定的身体姿态。我们从前庭信号功能障碍会导致目眩和头晕的事实中就可见一斑。

前庭眼反射可能是最简单的一类眼动，它可能也比其他类型的眼动在进化上历史更为久远。它的神经回路非常简单，除了前庭感觉神经元和运动神经元（控制用来转动眼球的眼外肌）之外，只包含一层中间神经元。正因为如此简单的回路，前庭眼反射的响应速度极快：如果头部突然开始转动，仅需大约百分之一秒，前庭眼反射就会启动。无论何时头部发生运动，无论是自发还是由外部扰动引起的，前庭眼反射都可以快速转动眼睛，以防止视力模糊。

B. 视动反射（optokinetic reflex）

就像前庭眼反射一样，视动反射也是一种用于在整个视野都在向一个方向移动时稳定图像的眼动。例如，在电影院里，如果整个屏幕都在移动，你的眼睛会自动跟随它移动，这就是视动反射的功劳。前庭眼反射和视动反射的区别，在于用来控制眼动的信号来源。前庭眼反射是由前庭器官的输入所驱动的，而视动反射则依靠视觉运动信号。视动反射主要是由一个叫作"副视系统"的结构所控制的。

C. 跳视（saccade）

跳视是一种快速、弹射式的眼动，它将注视的方向从视野中的一个点迅速移动到另一个点（图1.6）。人每秒钟平均产生3~4次跳视，即便在我们熟睡时，跳视也还在持续。虽然跳视如此频繁，它却不是一种反射。也就是说，它们并非由外部刺激所直接激发，而是人或动物自发产生的。这也意味着，每秒钟我们要做3~4个决策，决定接下来看哪儿。本书读者最近的一个决策，必定是在选择上一个跳视的目标。就像前庭眼反射和视动反射一样，对于每一个跳视，脑都需要

对同一个被试者的3分钟眼动轨迹记录

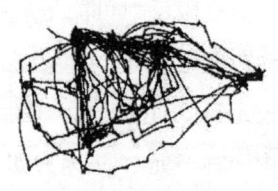

1　自由观察

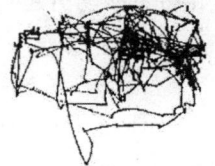　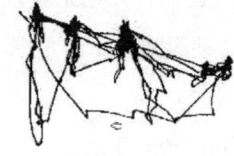　

2　估计画中家庭的物质条件　　3　给出画中人物的年龄　　4　猜测画中家庭在不速之客出现前在做什么

5　记住画中人物的穿着　　6　记住画中房间里人物和物件的位置　　7　估计来客已经离开家多少时间

图1.6　一位人类被试者在观看伊利亚·列宾的油画《意外归来》时的眼动轨迹图，由 Afred Yarbus 于 1967 年测量

为眼外肌产生合适的指令。在哺乳动物脑中，控制跳视的核心结构是位于小脑底部的上丘（superior colliculus）。

D. 平滑追踪（smooth pursuit）眼动

平滑追踪是一种主动对运动中的物体进行跟踪的眼动。为了产生平滑追踪眼动，脑需要分析运动物体的速度和移动方向，然后控制眼外肌的收缩和舒张，使物体在视网膜上的投影一直保持在中央凹范围内。对于视动反射和平滑追踪眼动来说，两者的动态过程以及相应的眼外肌的活动都是几乎一样的。然而，这两类眼动有着根本区别，其中包括控制它们的脑区域。而两者间最重要的区别是，平滑追踪眼动出于特定物体进行详细视觉分析的需要（这一点与跳视类似）。如果在视野中有多个物体，分别朝着不同的方向运动，我们可以选择其中最感兴趣的一个，对其进行平滑追踪眼动。与此相反，视动反射是自动产生的。

E. 辐辏（vergence）眼动

前面的四种眼动类型有一个共同点，就是双眼的转动方向是相同的（这称为共轭眼动，conjugate eye movements）。但是，当我们在视觉上跟踪向我们靠近或远离我们的物体时，双眼则需要向相反方向转动。这种眼动方式被称为非共轭（disconjugate）眼动或辐辏（vergence）眼动。为了让物体在视网膜上的成像保持清晰，双眼中的晶状体也需要改变形状。这一协调反应在生物学中称为调适（accommodation）。

许多行为具有社会性

眼动这一行为的进化，其目的是为了在观察者与其环境之间存在相对运动时，优化视觉的质量。然而，你的眼动本身是可以被其他人看见的。因此，在社交场合中，一个人注视的方向会为他人提供有用的信息，揭示他正感兴趣的事物，甚至他下一步可能选择的行动。正因为如此，眼动也是社交沟通的手段之一。比如，对于生活在等级分明的群体中的灵长类动物，直接注视另一个体的面部通常是一种具有侵略性的标志，这种行为时常会被同类惩罚。此外，人类也倾向于将目光投向其他人正在关注的物体。因此，为了将伙伴的注意力引到某个物体上，我们可以有意将自己的目光投向那一物体。

这就意味着，当我们主动产生眼动行为（如跳视和平滑追踪眼动）时，许多不同的因素都影响着眼动目标的选择。某个关注对象的价值和重要性，决定了我们以多快的速度将目光移向它，以及停留的时间有多长。如果那个对象是另一个人，社会环境也会影响我们观察这个人时的眼动。因此，每一次跳视和平滑追踪眼动都是精密决策的结果。尽管眼动相对简单，然而存在不同的算法和控制元件负责在不同类型的眼动之间进行选择，这一事实表明这些算法和控制元件之间必须存在完善的协调机制。任何对眼球运动的不同指令之间的潜在冲突都需要快速解决。进一步思考我们的许多其他行为，例如手指运动和言语，它们在时间、空间上的表现形式都比眼动更加复杂。因此，要准确理解这些行为如何产生，其目的为何，更为不易。至于控制这些行为的神经系统，其复杂程度更是远远超过行为本身。所以，要理解大脑与行为之间的关系，必须通过严谨的科学方法。

写到这里，我们已经探讨了智能的定义，并通过一个简单例子——眼动——介绍了智能指导下的行为。智能是一种由生命形式开发的工具，用来解决它们在生存环境中面临的各种问题，并通过各种行为表现出来。然而，脑越复杂，仅仅靠分析行为来理解智能的本质这一方法就越行不通。正如我们从关于眼动的神经生物学研究中所看到的，研究动物的脑和神经系统可以帮助我们一窥智能行为的本质。在下一章，我们将讨论在对智能行为及其脑机制的探索中，可以用到哪些科学方法。

第 2 章

脑与决策

决策是脑的重要功能,决策过程就是选择效用最大的选项。

类似于线虫或蟑螂那样相对简单的动物,大部分行为是由遗传决定的,而且由感觉刺激自动触发。人类也有反射,然而我们的脑组织相对更大,从而允许我们以更灵活的方式来选择合宜的行动,由此最大限度地增加我们在各种环境中存活与繁衍的可能。智能的本质,是在多变的环境中选择最合宜行动的能力。因而,对于具有脑组织的动物,了解它们的脑是了解其智能的关键所在。

但是,了解智能,并不仅仅是分析脑的遗传、生物化学和电生理特性。智能包含许多方面,对它的科学探索也充满挑战。由于智能是生物体对其所在环境的一种适应性,我们必须基于其所处的环境,来考量智能的复杂度及质量优劣。这样一来，要对身处不同环境的动物的智能进行比较，就不是一件容易的事了。从直觉出发，我们也许会认同，乘坐地铁前往图书馆时面对的环境比起宅在家里更加复杂。然而，判断环境的复杂程度并不总是那么轻而易举，尤其是在涉及不同物种的时候。试想一下，一群蚂蚁试着搬运一块相当于自身体重100倍的曲奇饼，和一个人在自家楼下的菜市场挑选蔬菜，哪一方所在的环境更难以预测、更复杂？在实验室里，要控制和测量一个特定环境的复杂程度也许不难。在真实生活中，可就不是那么回事了。

与此相似，要在真实生活中对一个决策问题的复杂程度进行量化，也并非一桩易事。像围棋、五子棋一类的游戏，有其明确的规则，每下一步有多少种符合规则的选择也是定好的，因而我们可以在数学上比较不同游戏的复杂度。对于大部分的体育活动来说，这就做不到了，因为每个人可以在多大范围内选择下一步行动，不同的选择总共有多少种，这些往往都没有明确的限定。比如，棒球和足球哪一个更复杂，取决于你在分析这两项运动时考虑了多少具体细节，因此这个问题如何回答取决于你从什么角度看它。毫无疑问，要研究决策过程及其在脑中的实现，我们需要一套更为正规的方法。

以定量方式分析决策过程的重要方法之一，是效用理论（utility theory）。效用理论在经济学研究中举足轻重，也在关于决策的神经科学研究中扮演了重要的角色。神经科学中有一个分支叫作神经经济学（neuroeconomics），致力于运用经济学框架（如效用理论等）来研究与决策相关的脑功能。效用是一个数字，用来表示一个选项（如一种行动）的价值（即决策者对它的好恶程度），因此它对关于智能的定量研究非常重要。

效用理论

人们是如何在不同的行动或物体中选出他们想要什么的？对于这一问题，有着种类繁多的理论，但几乎所有的理论都基于效用（utility）或价值（value）这一概念。一般来说，经济学在关于选择的公理化方法和数学方法中时常使用"效用"或"效用函数"这一名称，而当"价值"或"价值函数"出现时，往往意味着它与选择之间的联系更多是一种近似关系，或者是通过实证数据估计出来的。对我们当前的讨论而言，这一差别并不是很重要，因此我们在下文中只讨论效用。

效用可以分成两类。序数效用（ordinal utilities）指出了不同选项之间的优劣排序。有了它，你可以根据偏好将所有可能的选项按照喜好程度排个队。换句话说，它仅仅在两个选项里指明了哪一个更好，但并不考虑该选项比另一个好多少。基数效用（cardinal utilities）则与之相反，它给每一选项赋予一个实数数值，因此我们可以明确说出一个选项比另一个好多少。在这一章里，我们将着重讨论基数效用，因为它的代数运算比序数效用来得简单。试想一下你正在红色、黄色和蓝色雨伞之间做选择，而且你最喜欢的颜色是蓝色，最不喜欢的颜色是红色。假设红、黄、蓝色雨伞的效用分别是1、2、3，这就意味着你会选择蓝色雨伞。与此相似，如果你看到某人选择了红色雨伞，那么你就能知道，对于她来说，红色雨伞的效用大于黄色或蓝色雨伞的效用。

如果所有选项都有各自的效用值，你就可以给它们排序。换句话说，效用具有传递性（transitivity）。让我们想象一下，有人喜爱橘子胜过苹果，喜爱苹果胜过葡萄。通过传递性，我们可以推出，这个人在橘子和葡萄之间会更喜欢前者。传递性是实数的一个性质。对于任意的3个实数a、b、c，如果a大于b（a>b），且b大于c（b>c），a也就一定大于c（a>c）。由于基数效用是实数，基于基数效用的偏好自然也需要满足传递性。

　　由于效用为如何做出选择提供了一种相对简单的描述，因此效用在关于决策的理论中具有重要的作用。一旦所有选项的效用确定下来，所有关于这些选项的任意子集的决策问题实际上都解决了。无论决策问题多复杂，效用理论总会预测决策者将要选择效用最大的选项。更重要的是，如果在所有选项中，只有一部分是可选的，效用理论仍能确定哪个选项会被选中。假设你家附近有四家饭馆。如果在任意一天，每家饭馆开门营业与否是相互独立的，那么在任意时刻开门营业的饭馆的不同组合一共有16种。现在我们来想象一下，你要在正在营业的饭馆之中选择一家就餐。当然了，如果所有饭馆都关门了，或者只有一家在营业，你就没什么可选的了。排除掉这些不凑巧的情况（一共5种），我们仍然会遇到11种不同的决策问题。比方说，今天只有饭馆A和B开门，而明天除了D以外的所有饭馆都会营业。如果你没有为这些饭馆分别算出效用，你就得对这11个不同的决策问题中的每一个都单独求解一遍。没有效用，在饭馆A和B之间选择与在饭馆A、B、C之间选择就成了两个完全不同的决策问题。与此相反，如果所有饭馆都有各自的效用，无论哪几家饭馆营业，这些效用值都能确定你要选哪一家。随着可能的选项数量的增加，效用对决策的简化作用也会变得更为显著。例如，纽约共有超过25000家饭馆，这就使得对于它们的决策问题的数量变得几乎无限大。即便是像找家馆子吃饭这样相对简单的问题，要是没有效用，也会变成一个让人绝望的难题。

　　效用之所以对决策很重要，还有一个值得一提的原因。同一选项可能会表现出多种不同的属性，进而对决策产生影响。效用为阐明这些影响提供了方便的工具。例如，真实生活中的决策总会涉及不确定性和延迟。如果我们能毫无偏差地预测自身行动的结果，决策就会变得太简单了——这样一来我们就能避开所有不幸的意外，总是去买能赢的彩票了。但是，在真实生活中，我们的行动会带来什么后果，总是有不确定性。与此相似，很少会有什么选择会带来即时的满足。我们行动的后果几乎总会有些延迟，时常是几个小时，有时候是几年甚至数十年。当我们从某个行动中想要得到的结果并不确定，或是有所延迟时，我们选择该行动的可能性就会降低。使用效用这一框架，我们可以更系统地描述这些行为上的改变。

时间与不确定性

决策的目的，不仅仅是选出最好的结果。有时候，带来最好结果的行动可能风险太大，或是成本太高。效用理论的一大用处，就是阐明包括可能性、即时性在内的诸多因素如何影响决策。

在数学里，一个事件发生的可能性通常用概率（probability）来表达。一个零概率的事件永远不会发生，一个概率为1的事件必然发生。因此，对于某个带有不确定性的结果来说，其效用可以很自然地用该结果的效用与其概率的乘积来表示。这一乘积通常被称为这一选项的期望价值（expected value）。但是，对于一个带有不确定性的结果，其效用并不一定与其期望价值相等。想象一下，有人想要卖一张可能会赢得100元钱的彩票给你。如果买这张彩票要花10元钱，你会买吗？自然，你的选择取决于赢得奖金的可能性。如果赢的概率和奖金的数额是已知的，彩票的期望价值便是这两个数字的乘积。假如赢的概率是10%，那么这个奖金为100元的彩票的期望价值便是10

元钱。如果彩票对你的效用与其期望价值相等的话，只要彩票的价格小于10元，你就会买下这张彩票。实际上，比期望价值更便宜的彩票并不存在，因为发售这样的彩票的人必定要亏损。虽然现实中彩票总是比它们的期望价值更贵，但仍然有人买彩票。也就是说，人们并不仅仅基于期望价值来做决定。

为什么效用会与期望价值不同？大体说来，这一现象有两个原因。首先，对结果的客观度量往往不能很好地反映它对人们的效用，即使那些天然具有客观数值的结果（例如金钱）亦是如此。比如说，20元钱的效用并不一定正好是10元钱效用的两倍。对食品或音乐的评分往往也不能反映它们的效用，因为从这些事物上获得的快感是非常主观的。其次，某一结果的精确概率通常很难确定，尤其是那些概率相对较低的事件。你今天遇上交通事故或者大停电的概率是多少？要准确地估计这些概率，你得有更多的观察或是一辈子的经历才行。对于我们会在一生中遇到的许多商品，我们很可能都没有对其喜好程度和概率的准确估计。我们最多能说，对任意具有正效用的商品，获得它的概率越低，它的效用也就越低。

在概率以外，另一个对效用有显著影响的因素便是延迟的时间长短。对一个合意的结果而言，延迟越长，效用降低得越多。这被称为时间贴现（temporal discounting）。贴现程度越高，决策者越会倾向选择能够立即获得的结果。想一想，如果有人让你选择立刻获得100元还是一周后获得200元，你会如何选择？除非你现在就需要用100元钱，大多数人可能会愿意等待一周，拿到200元钱。像上述例子那样，在两个具有不同延迟的结果之间的选择，叫作跨期选择（intertemporal choice）。

在20世纪60年代，沃尔特·米歇尔（Walter Mischel）进行了著名的棉花糖实验。他给五六岁的孩子提供这样一个简单的选择：他们可以吃掉面前的一粒棉花糖然后回家，或是等实验人员开完会回来得到两粒棉花糖。在实验人员离开房间之后，每个孩子在吃掉棉花糖之前等待了多长时间都被记录下来。不难想见，在参与实验的孩子之间存在个体差异。有些孩子在实验人员离开房间以后立刻就把棉花糖吃了，而有些孩子一直等到了20多分钟以后实验人员回来的时候。米歇尔和他的同事们想要研究的是，一个孩子等待和获得第二粒棉花糖的能力将会对他们未来的成年生活有什么影响。事实上他们发现，根据一个孩子的耐心程度，能够预见他数十年后生活的许多方面。更有耐心的孩子有更高的智商和SAT（美国学术能力评估测试）成绩，也更可能从事医生、律师一类高收入工作。不仅如此，他们也更加健康，犯罪入狱的可能性更低。

上面这个棉花糖研究显示了在跨期选择中延迟满足的能力，这种能力在人类身上最为突出。与其他动物相比，人类具有非凡的能力，使他们能够放弃眼前比较小的奖赏，转而等待未来更大的奖赏。一系列的实验研究对不同的动物的这一能力进行了比较，例如，我们可以测试动物为了获得相当于即时奖赏两倍大的延迟奖赏，愿意等待多久。结果显示哺乳动物（比如大鼠）一般会比鸟类（比如鸽子）更为耐心。哺乳动物之间也存在区别。比如，灵长类比啮齿类更为耐心，而在灵长类之间，像大猩猩之类的猿类又比猴子更耐心。在目前所有测试过的动物里，人类是最有耐心的。有些人甚至宁可把最好的奖赏推迟享受。比如，当你在吃寿司、糖果一类的小食品时，可能更愿意把最好的那一块留到最后。这与时间贴现是相反的——你的这种选择意味着奖赏的延迟越长，价值反而越高，因此称为负时间贴现或者负时间偏好。

值得一提的是，在社会化的环境里，这种能够为未来的奖赏而努力的能力尤为重要。这是因为，像合作、遵守社会规范这些对社会整体来说合意的行为，它们的全部好处往往不会立即体现出来。正如我们将在本书后面的章节中讨论的那样，人们经常互相帮助，之所以人们能够合作，并表现出看似无私的倾向，很大的原因是为了保持一个好名声。好名声的好处通常是不确定的，而且往往会过很久才实现。因此，只有那些能够放弃较小的即时奖赏，并为未来更大的奖赏付出努力的人，才会觉得这些好处有吸引力。

迟疑不决：布里丹之驴

在经济学理论（如效用理论）中，所有的决策无非都是比较全部选项的效用，然后从中选择效用最高的。因此，我们可以在理论上考虑，如果两个选项的效用完全相同，那会怎样？试想一下，有一只毛驴，它在辛勤工作之后又渴又饿，却需要在食物和水之间二选一。如果这两个奖赏的效用完全相同，与毛驴的距离也完全相等，那么就不可能找出哪个具有更大的效用，选择就永远做不出来了，这只可怜的毛驴便会因此死于饥饿和脱水。这种假想的情况被称为布里丹之驴（Buridan's ass）悖论，它因一位 14 世纪的法国哲学家而得名。

这一情景可能在现实中存在吗？有时候，如果两个选项吸引力相同，抉择就变得很困难。如果一个选项比另一个好得多，选择起来很容易；如果两个选项在很多方面有所不同，但综合起来差不多一样好，选择就变得困难多了。这时便是布里丹之驴在作祟了。我们在日常生活中，时常会碰到一些琐碎而困难的选择，就比如当我们要从不同的饮料（如可口可乐或百事可乐）中选择一种，甚至是在许多瓶同一种饮料里选出一瓶来。在餐馆里点菜时，即使菜单上几乎所有的东西可能味道都很棒，我们大多数人还是会觉得，找出自己想吃哪道菜出奇困难。在这些情况下，我们时常在价值相近的选项之间犹豫不决，花费时间之长完全不合理。尽管我们可能会花费过多的时间，最终还是能够下定决心而不变成布里丹之驴，是因为我们的脑对于可选项的价值，不可能无休止地精准计算，而脑中的计算过程也可能会受到某些随机干扰。某些时候，我们做完选择会反悔，例如挑选冰激凌口味的时候就会如此，这或多或少是因为感觉适应（sensory adaptation）现象。最终我们还是做出决定，当草莓味冰激凌开始刺激我们鼻腔和口腔里的感觉受体时，它带来的愉悦感就会逐渐减少，这就可能让我们相对更想吃香草冰激凌了。

效用理论的局限性

在关于决策的理论中，效用理论具有极为重要的地位。然而，这并不意味着做选择的时候必然会伴随着效用的计算。由于基于效用的选择具有传递性，所以任何违背传递性的选择显然就不是根据效用做出的。例如，某人在 A 和 B 中更喜欢 A，在 B 和 C 中更喜欢 B，在 C 和 A 中更喜欢 C，这就违背了传递性，任何效用都不能解释这样的偏好。像这种偏好违背传递性的人，会容易让人有机可乘，因为他们会愿意付出额外的金钱，把 A 换成 C，把 C 换成 B，再把 B 换成 A，直到把钱全部花光为止。这种现象在经济学里称为"钱泵"（money pump）。

虽然违反传递性的偏好显然是非理性的，但是当人们根据不同的标准来做选择时，他们时常会做出无法满足传递性的决策。让我们用一个例子来解释这种现象。想象一下，有三个车型 A、B 和 C，价格和燃油效率各不相同。让我们假设，从价格来说，C 优于 B（即 C 比 B 便宜），B 优于 A，这也意味着 C 优于 A。进一步假设，三个车型的燃油效率从低到高分别是 C、B、A，也就是说 A 优于 B，B 优于

C。现在有一个在乎燃油效率多于价格的买家，他在 B 与 C 之间更喜欢 B，在 A 与 B 之间更喜欢 A。如果 B 车型缺货，该买家必须在 A 和 C 之间选择的话，他会如何选择？如果他的选择遵守传递性的话，那么他必然会买 A。但是，A 和 C 之间的价格差异可能会大于 A 和 B 之间或 B 和 C 之间的价格差异，这样一来，A 的高价格可能会使买家望而却步，退而选择较便宜的汽车 C——这就违反了传递性。在这个例子里，如果在面对不同的选项组合时，评价标准发生了改变，就会违反传递性。当传递性不成立时，任何效用函数都无法解释这样的选择。这对于那些依靠效用理论来预测选择模式的经济学家来说，似乎是致命的打击。当然，你可以争辩说，每次出现新的一组选项时，买家都重新计算了相应的效用，这样总归可以解释这些选择了吧？然而，这个解决方案并没有很大的实际意义，其原因在于，这只是通过事后诸葛亮的方法，为每个已经发生的选择生造出一套与之相符的效用值，但这样的效用很可能没有普遍性，无法推广到未来的选择上。

效用理论还有一个弱点：从我们能观察到的选择中，我们无法知道决策者做决定时到底有没有计算效用，以及这一过程是如何发生的。即便没有直接运用效用函数，人或动物也完全可以产生满足效用函数的行为。试想一株向日葵，它茎的方向始终保持向阳。如果我们为这株向日葵定义一个效用函数，该效用函数与茎和太阳方向的偏差角度成反比，那么向日葵的行为看起来就像是效用最大化的结果。这个假设的效用值也许是通过向日葵体内某种化合物的浓度来体现的。然而，同样存在另外一种可能性，就是有一种不需利用效用函数的机制，比如向日葵植株内某种预先设定的、不受阳光影响的机械运动程序，恰好使得向日葵的转动看起来与阳光一致。光靠观察向日葵在自然状态下的行为，要区分这两种可能性非常困难。

事实上，即便效用理论为经济学的许多分支（如博弈论）提供了坚实的数学基础，经济学家几乎不怎么关心效用是否真的存在。因此，许多经济学家认为，只要效用理论能为消费者、生产者的复杂行为提供一种简约的解释，无论效用是否真的在我们的脑中被计算出来，并直接用在决策中，也无论这一过程具体如何实现，效用理论都有其实际价值。这正是"仿佛"理论（as-if theory）的一个例子，因为它能够解释实证数据，"仿佛"该理论提出的假设（即效用）确实存在一样。

在过去很长一段时间，选择过程中有没有真的用到效用，这个问题并没有受到科学界的重视。由于以前没有办法精确研究人脑的功能，即便效用真的在脑海中出现，我们也无从验证，人脑有没有对不同的选项计算效用，以及计算过程如何运作。然而，在过去几十年间，情况发生了很大变化。最重要的是，如今我们已经可以在人们进行各种决策时，测量人脑中与效用有关的信号。神经经济学和决策神经科学（decision neuroscience）也随之蓬勃发展起来。因此，通过测量人们的大脑活动来预测他们将来的决策，现在已经变得可能。这样一来，从生物学角度对效用理论进行实证检验和改进，也已不再遥不可及。

神经经济学的研究成果应用前景十分广阔。例如，如果我们能够测量某个产品对消费者的效用，那会怎样？过去，人们完全依靠调查和访谈来研发新产品，制定营销策略。然而这些方法并不一定可靠，因为主持调查或访谈的人可能事先抱有成见，他们不自觉地对受访者产生了微妙的影响，让后者的行为错误地迎合提问者的期望。此外，调查和访谈还假定受访者清楚地知道他们自身的偏好，并能够将它用语言表达出来，尽管并不一定真的如此。如今，我们已经有可能从一个人的大脑活动中，提取出与其个人偏好有关的信息——而这些信息甚至是不能用言语准确描述的。这一方法在所谓的神经营销学（neuromarketing）研究中十分常见。

神经经济学研究最具争议的应用，也许便是人为操纵效用的可能性了。早在20世纪50年代，詹姆斯·奥尔兹（James Olds）和彼得·米尔纳（Peter Milner）就已经进行过这样一项实验：他们为大鼠提供一个控制杆，每当大鼠按下控制杆，它们大脑中所谓的"快感中枢"就会受到电刺激。在这组实验中，大鼠会持续不断地按控制杆，直到筋疲力尽。类似的实验也曾在人类身上进行过。例如，20世纪70年代，罗伯特·希思（Robert Heath）成功地通过对名为中隔核（septal nucleus）的脑区进行电刺激，引起患者的性高潮。对于神经外科医生来说，将电极植入患者大脑的这些区域，随时给患者制造极其愉悦的体验，在技术上是完全可行的。将来，也许有人会发明一种更简单的、无需手术的方法来实现类似的效果。一旦你配备了这样的设备，想在什么行动后获得快感，都变得轻而易举。换言之，你能够随心所欲地改变不同行动的效用函数。那么，你会如何决定要提高哪些行动的效用呢？在逻辑上来说，当你可以随意更改某一行动带来的快感时，意味着即便是相同的行动，背后的效用也可以被重新定义，这时你要如何抉择为哪些行动提高效用呢？换句话说，我们能否给不同的效用函数本身赋予效用？即使这些技术尚未成为现实，先考虑一下这个难题可能也是有益的。

幸福感

神经经济学的研究成果对我们社会的许多领域都有潜在的深远意义。由于效用与幸福感密切相关，我们也许可以将从神经经济学中学到的知识，运用到改善生活质量的探索中。正如许多国家的宪法以及美国独立宣言所提到的，追求幸福被举世公认为全人类的重要权利之一。然而，要在客观意义上对幸福做出定义，并不是一件易事。事实上，并不是所有的科研工作者都认为快乐或主观上的富足感可以作为科学探究的对象。虽然存在争议，正确认识效用和幸福之间的异同，仍然是有益处的。要做到这一点，重要的是分辨至少两种关于"幸福"的不同含义。

首先，幸福可能指的是某人对其现状感到满意的状态。当有人说"我很开心"，或者问别人是否快乐时，他们所指的往往是这一种含义。这种幸福通常被称为"体验幸福感"（experienced happiness）。由于体验幸福感完全是主观的，衡量它的唯一方法是直接询问人们感觉到的幸福程度。因此，我们无从确认，人们的口头报告能够真实、准确地反映他们的幸福程度，所以客观、定量地研究体验幸福感殊为不易。此外，只要对体验幸福感的研究仍旧依赖口头报告，我们就无法了解缺乏语言能力的非人类动物的体验幸福感，也无从测量人们在进行某些无法同时说话的任务（比如唱歌）时的体验幸福感。相比之下，在神经经济学研究中，我们假定体验幸福感是由大脑中神经元的活动决定并反映出来的。因此，随着我们更深入地理解神经活动与体验幸福感之间的关系，也许我们就能更科学地研究体验幸福感了。

其次，幸福也可以指某人对在实现特定目标后会感到有多满意或多愉悦的一种预测。这可以称为"预期幸福感"（expected happiness）。由于预期幸福感是尚未体验到的，它仅仅是一种预测而已。然而，预期幸福感与经济学里的效用概念关系更为密切。事实上，如果人们总是把预期幸福感的最大化作为行动目标，那么预期幸福感将具有与效用相同的意义——效用最大化就意味着尽可能获得最多的愉悦。

如果人们总能准确判断他们在选定某个选项以后，未来将有多快乐，那么体验幸福感将与预期幸福感完全吻合。实际情况往往事与愿违——预期幸福感和体验幸福感经常相去甚远。也许这并不奇怪，因为幸福感是一种主观感觉，它会随着时间的推移而改变。比如说，很多人可能会想，如果赢得了数百万美元的彩票奖金，他们一辈子都会很快乐。然而，实证研究表明，赢得彩票的喜悦并不能持续多久。相似的是，即使有人遭遇诸如因交通事故而四肢瘫痪这样的悲剧，他们的主观幸福感（即体验幸福感）往往也能恢复到以前的水平，而且恢复的速度比许多人想象的要快。这些研究表明，体验幸福感有一个"设定点"（set point），即便经历了极度欢乐或悲惨的事件，长远来讲体验幸福感还是会回到这一基准（图 2.1）。

体验幸福感倾向于回到一个基准点这一事实，与大脑对环境中的感觉刺激的处理方式十分相似。如果动物反复受到同一刺激，便会发生感觉适应（sensory adaptation）现象，使之对该刺激的敏感性降低。这是因为，大脑中的感知系统专注于检测环境中的变化或对比。例如，环境中不同物体接收的光量（即照度，illuminance）在不同的光照条件下会有很大变化，但平均照度几乎不能为辨别我们感兴趣的物体提供什么有效的信息。因此，视觉的明暗适应使得我们能够专注

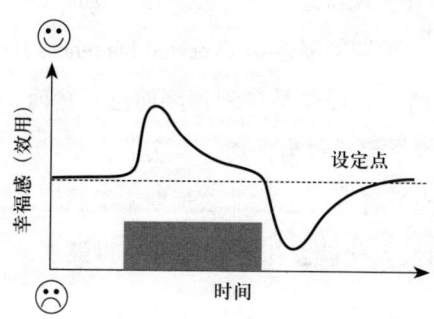

图 2.1　幸福感的设定点决定了在经历某个使人愉悦的事件（用灰色方块表示）后，幸福感会如何随时间变化

于视野中视觉信息的内容（如物体的形状），而非其平均亮度。当我们突然进入光线充足的区域时，视觉系统的明适应（light adaptation）会对过强的照度进行补偿。相反，当我们刚刚走进一个昏暗的剧场时，需要几分钟才能开始通过暗适应（dark adaptation）来更好地识别黑暗中的物体。

同样的原理也适用于幸福感，以及日常生活中我们体验到或预期得到的快感。即使在动物身上，我们也可以通过精心控制的实验来演示这一点。比如，如果你把一只饥饿的大鼠放在轨道的一端，另一端放置食物奖赏，那么大鼠很容易就能学会沿着轨道跑到另一端吃到食物。现在，你把一群大鼠分成两个实验组。对其中的一组，你在轨道另一端放置 2 粒食物，而另一组则放置 6 粒食物。你也许能预料到，6 粒食物会比 2 粒食物让大鼠跑得更快。这没什么奇怪的，也并不是实验的主要目的。更有趣的问题是，当两组大鼠都熟悉了它们能获得食物的数量以后，现在你要给两组都分别放入 4 粒食物，并且依旧测量大鼠的奔跑速度。这时将会发生什么？

如果食物的数量是决定动物动机的唯一因素，那么两组大鼠的奔跑速度将会是一致的。然而，研究人员发现并非如此。尽管都是面对相同的 4 粒食物，原先得到 2 粒食物的大鼠会比原先得到 6 粒食物的大鼠以更快的速度跑向轨道另一端的食物。这一发现与设定点理论一致：决定动物动机的，不是可以得到的食物的绝对数量，而是得到的食物比预期更多还是更少。这一实验在 20 世纪 40 年代进行，它首次证明了适应过程不仅适用于感觉，也适用于动机。该实验所表明的现象被称作激励对比（incentive contrast）。正如视觉系统主要对变化或者对比做出反应一样，我们的动机水平大多反映了预期奖赏数量的变化，而非其绝对数量。在该实验中，同样是为了得到 4 粒食物，原先得到较少食物的大鼠更有动力，表明它们的预期幸福感或效用比另一组更高。

幸福感最终总会回归到某个设定点或者说基准，这种倾向意味着无论我们经历多么愉悦的事件，也许都不能无限期地维持幸福感。这被称为"享乐跑步机"（hedonic treadmill），因为就好像在跑步机上跑步并没有真正跑到任何别的地方一样，得到任何你想要的东西兴许也只不过是暂时给你满足罢了。东西方的许多学者都早已意识到，愿望实现所产生的愉悦感往往是短暂的。例如，佛教和斯多葛主义都认为，从长远来看，盲目追求愉悦的感官享受并不能使生活变得更幸福。设定点的存在提出了一种与直觉相悖的可能——回避令人愉悦的物体也许能带来更多的幸福感。这是因为节制欲望可以降低期望水平，从而小的，甚至微不足道的正面结果都能产生满足与幸福的感觉。在本书的后续部分，我们还将讨论，我们的脑是如何进化以获得这种看似矛盾的属性的。

效用理论与脑

只靠对行为的观察，并不能确定决策者是否通过明确地对不同选项的效用进行计算和比较来做出选择。要对此进行检验，我们需要了解脑的内部发生了什么。既然决策是脑的功能之一，如果决策过程就是选择效用最大的选项，那么也许我们可以测出与效用变化直接相关的脑活动。此外，如果我们能够通过测量某人的脑活动来准确估计出不同选项对他的效用，那么我们就能预测他的选择。当然了，要能做到这一点，我们需要具备以足够的精度来测量脑活动的能力，并且掌握从脑活动中推算出效用的方法。经济学家［如在19世纪时为效用理论奠定基础的弗朗西斯·埃奇沃思

（Francis Edgeworth）] 早已想象过，有一天这样的机器可能会被发明出来，并且将这一假想的、能够测量愉悦程度的装置称为"快乐仪"（hedonometer）。然而，直到约100年后，随着功能核磁共振成像（functional magnetic resonance imaging）技术的发明，这种实验才真正变成现实。

目前，功能核磁共振成像（简称fMRI）是测量活体人脑活动最有效的方法。起初，科学家发明了核磁共振成像（简称MRI）来检查生物组织（例如脑）的结构。MRI的基础是质子在强磁场中被无线电波短暂激发后产生的信号。质子是氢原子的原子核，而氢原子是水分子的一部分。因此，我们的身体含有大量的质子。MRI可以用来检测脑结构，这是因为质子发出的信号取决于质子周围组织的化学成分。在20世纪80年代末，人们进一步发现，血红蛋白的磁性会因其是否与氧分子结合而不同，因此MRI还可以用于测量血液中的含氧量。在任一脑区，血液的含氧水平都会随着该脑区神经活动水平而变化，这就产生了所谓的"血氧水平依赖"（blood-oxygen-level-dependent，BOLD）信号，该信号可以用MRI来测量。为了与用于测量解剖结构的MRI区分，这一新方法被称为功能MRI，或fMRI。在不进行侵入性手术的情况下，直接在活体人脑中测量动作电位或神经递质的释放目前仍不可行。

20世纪90年代中期，与人类决策相关的脑功能的研究蓬勃发展起来，其标志便是开始有研究人员让被试者在MRI机器中做出各种决策，并同时通过fMRI测量BOLD信号在不同脑区的波动情况。目前已有数百项研究试图找出与效用相关的脑信号，这些研究涉及多种多样的主题。例如，许多研究测量不同脑区的活动如何根据食物的类型与合意程度发生变化，另一些研究则检验了脑活动如何受到金钱奖赏的大小和概率所影响。事实上，研究人员已经找

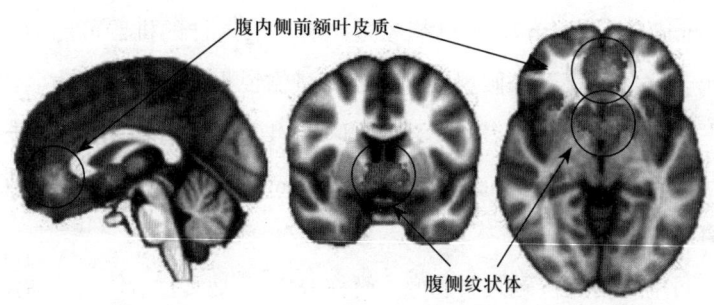

图2.2　与效用相关的 BOLD 信号所在的脑区包括腹内侧前额叶皮质和腹侧纹状体。引自 Bartra O，McGuire JT，Kable JW（2013）"The valuation system: a coordinate-based meta-analysis of BOLD fMRI experiments examining neural correlates of subjective value". *Neuroimage* 76：412-427（原文图 6A）。版权由 Elsevier 所有（2013），经许可转载

出了几乎所有让人类愉悦的奖赏类型——其中甚至还包括色情照片和幽默故事——所引发的大脑活动模式。所有这些研究都有一个共同的目标，便是找出编码效用相关信号的脑区。科学家已经从这些研究结果中获得一个共识，人脑中有两个区域——腹内侧前额叶皮质（ventromedial prefrontal cortex）和腹侧纹状体（ventral striatum）——编码的信号与效用最为密切相关。在各种实验条件下，当某个可供选择的选项的效用增加时，这两个脑区的 BOLD 信号通常都会随之增大。这些结果表明，这两个脑区可能参与了效用的计算，从而在决策中起到关键作用。

值得注意的是，解读 fMRI 实验的结果时我们要特别小心。这是因为 fMRI 实验并不直接测量神经活动，而是基于与神经活动间接相关的 BOLD 信号。BOLD 信号反应相对较慢，并且尚未达到足以观察单个神经元活动的空间精度。因此，为了更准确地理解大脑如何处理决策所必需的各类信息，我们还必须利用动物研究来填补人类 fMRI 实验的局限，这是因为在动物实验中，神经活动的测量能够达到比 fMRI 高得多的精确度。

动作电位的意义

与 fMRI 相比，直接测量脑中各个神经元的动作电位能提供更多关于脑功能的信息。正如我们在第 1 章中所讨论的，脑中的神经元利用动作电位进行相互通信。然而，为了记录神经元的动作电位，电极必须被放置到非常接近神经元的位置，因此，要对脑深处的神经元进行这种记录，在技术上颇具挑战性。此外，对于大多数神经元，我们能记录到的动作电位具有复杂的随机模式。如果你将来自单个神经元的电信号放大，并将其连接到音箱，你听到的往往就是像爆米花机一样的噪音。英国生理学家埃德加·道格拉斯·阿德里安（Edgar Douglas Adrian）发现，神经元通过调节动作电位的频率或速率来传递信息。这项发现对于解读神经元的信号是一个重大的突破，阿德里安也因此于 1932 年被授予诺贝尔生理学或医学奖。

在 20 世纪 20 年代，阿德里安利用当时的高科技仪器——真空管放大器和静电计——来放大和记录青蛙坐骨神经的电信号（图 2.3）。他研究了当他改变挂在青蛙腿上的负重时，坐骨神经动作电位的模式会发生什么变化。通过青蛙腿部肌肉的感觉神经元，重量信息沿着坐骨神经被传递到脊髓中的神经元。阿德里安发现，当负重增加时，在一个固定的时间间隔中，神经元产生的动作电位数量也随之增加。不同的是，每个动作电位的形状和大小并没有改变。因此，他得出结论，动作电位的频率一定包含了青蛙腿部肌肉被负重拉伸程度的信息。

这一发现具有举足轻重的地位，影响了后续的不少神经科学研究。而且，虽然最初的观察是从青蛙坐骨神经中获得的，但是人们已经发现，这一原理在神经系统中非常普遍。例如，视觉皮层中的神经元通过改变动作电位的频率来编码视觉空间中线条、边缘的朝向。与

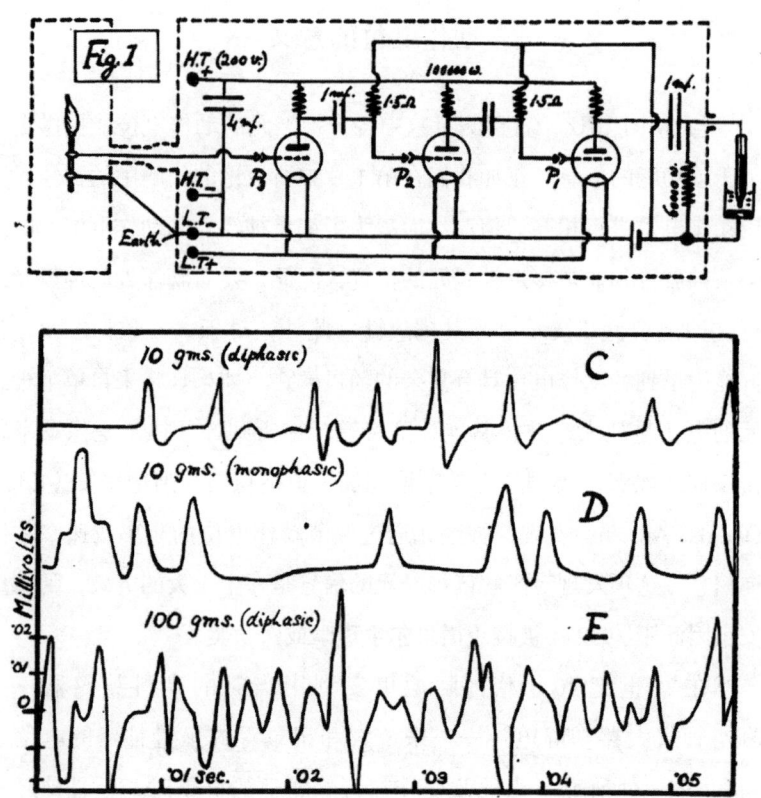

图 2.3　阿德里安于 1926 年用于在青蛙腿部肌肉感觉神经末梢上测量动作电位（下）的放大器（上）示意图。引自 Adrian ED（1926）"The impulses produced by sensory nerve endings：Part I". *Journal of Physiology 18*：49-72（原文图 1、图 4）

此相似，运动皮层中的神经元用相同的方法来指示伸臂动作的方向，或者是肌肉中产生的力量大小。因此，动作电位的频率（通常称为发放频率，firing rate）被广泛用于研究脑中不同区域单个神经元编码的信号的性质。

如果脑中的各个神经元独立传输不同类型的信息，而 fMRI 的分辨率并不足以探测单个神经元的活动，那么 fMRI 如何能探测到这样的信号呢？尽管fMRI实验中用到的BOLD信号反映了脑的一小部分区域的代谢活动的变化，这样的区域仍然包含了许多神经元。因此，只有当功能相似的神经元相互聚集在一起（而不是在脑中随机散布）时，fMRI实验的结果才是有意义的。比如，会在遇到某个刺激时减少活动的神经元和增加活动的神经元混杂在一起，在该脑区内它们的平均活动（也就是BOLD信号）就不会发生什么变化，即便这个脑区内的许多神经元会对这一刺激有反应。只有当活动模式相似的神经元大多聚集在相似的脑区时，我们才能用fMRI来找出与特定脑功能相关的神经活动。幸运的是，大多数动物的脑正是这样的，对于专门执行感觉和运动功能的皮层区域来说尤其如此。从实际科研工作的角度出发，在实验中精确控制被试者的感觉和运动信息，要比操控决策或情绪容易得多。因此，在fMRI刚面世时，大量实验都通过描述视觉和运动皮层中的BOLD信号来验证该方法。例如，考察一个脑区

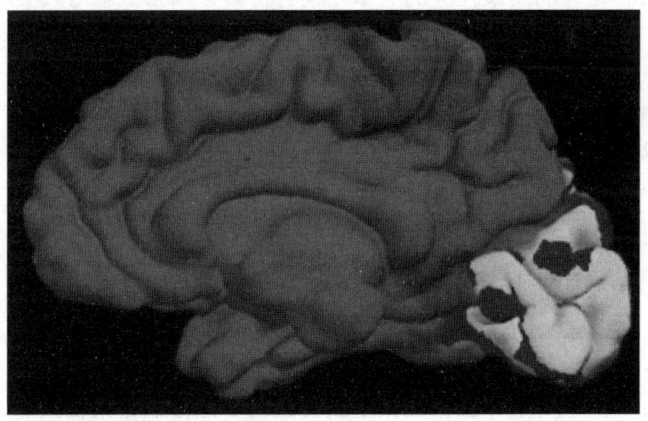

图2.4　在人类视觉皮层测得的BOLD信号。引自Tootell RB，Hadjikhani NK，Vanduffel W，Liu AK，Mendola JD，Sereno MI，Dale AM（1998）"Functional analysis of primary visual cortex（V1）in humans." *Proc. Natl. Acad. Sci. USA 95*：811-817（原文图1A）。版权由美国国家科学院所有（1998）

BOLD信号的强度是否会因为被试者受到的视觉刺激而改变，我们可以定位人脑中的视觉皮层。这些实验的结果已经反复展示出人类视觉皮层中由视觉引起的BOLD信号（图2.4）。

现如今，fMRI无疑是研究人脑功能的核心途径。除了主要涉及感觉和运动功能的脑区以外，fMRI还被广泛用于研究与其他认知功能相关的脑功能，例如决策。然而，fMRI不太可能帮助我们完全了解不同脑区的个体神经元之间如何通信，从而使得人类和其他动物能够做出适当的选择。如上所述，大量fMRI实验已经找出了与效用相关的BOLD信号，表明前额叶皮质和纹状体可能会在决策中起到关键作用。然而，为了了解这样的效用信号是如何在这些区域中产生的，以及个体神经元的活动如何受到效用以及其他与决策相关的因素的影响，动物实验很有必要。尤为重要的是，通过记录啮齿动物和猴子脑中各个神经元的活动，我们获得了许多重要的信息，大大促进了我们对与决策相关的脑功能的认识。值得一提的是，受过训练、能够执行精心设计的决策任务的猴子尤其有价值，因为猴脑与人类的脑具

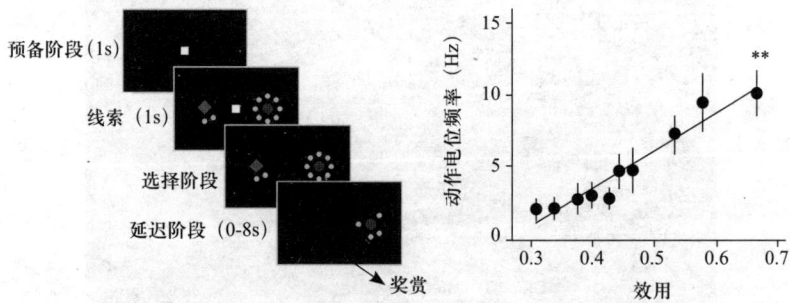

图2.5　在猴子身上进行的跨期选择实验任务（左），与延迟奖赏的效用紧密联系的神经元发放频率（右）。引自Cai X, Kim S, Lee D (2011) "Heterogenous coding of temporally discounted values in the dorsal and ventral striatum during intertemporal choice". *Neuron 69*: 170-182。版权由Elsevier所有（2011），经许可转载

有很高的相似性。

例如，我们可以训练猴子，让它们在小而早和大而迟的两个奖赏之间做出选择。这种选择通过位于计算机屏幕上的两个不同位置的绿色和红色目标来表现（图2.5左，绿色目标用◆表示，红色目标用●表示）。当猴子将目光移向红色目标时，它们将获得三滴苹果汁，而当它们选择绿色目标时，它们会获得两滴苹果汁。另外，两个目标旁边还有数量可变的小黄点，代表了动物做出选择与果汁送到嘴里之间的时间延迟。一旦猴子熟悉目标颜色和黄点数量的含义以后，它就会表现出一致的时间贴现行为。当大、小奖赏的延迟相同时，它总是选择更大的奖励，而当大奖赏的延迟变大或者小奖赏的延迟变小时，它们往往会增加对小奖赏的偏好。更重要的是，当猴子进行这类跨期选择时，前额叶和纹状体内许多神经元的活动受到特定目标的预期奖赏大小及延迟的系统性影响，表明这些神经元可能编码了特定选项的效用（图2.5右）。

效用的进化

效用可能是我们做的所有选择的根源，也塑造了我们从中获得的幸福感。那么，是什么决定了效用呢？很明显，某些事物的效用是由遗传因素决定的。对甜味的偏爱，对苦味的厌恶，这些都很难通过操纵环境来改变。同样，人们也几乎不可能会去食用粪便或者腐烂的食物。碰到滚烫的物体或者处在极为嘈杂的环境中总是非常痛苦。从生物学的角度来看，我们偏爱含有生存所需的营养物质的食物，并赋予这些食物更高的效用，这必然是进化的产物。假如有动物一直回避生存所需的食物，或者总是让自己置身险境，它们一定不可能存活到现在。然而，对于某些事物来说，效用又是可以改变的。反复食用同样的食物或者聆听同一首歌曲，会让我们感到厌倦，即便我们最开始的时候也许对它们极为钟爱。我们也可能会在发现某种食物含有有害物质后，不再喜欢它。因此，效用不仅取决于遗传因素，还会被我们的经验所影响。在本书后面，我们将对基因和环境如何影响效用以及我们的行为进行更细致的研究。

第 3 章

人工智能

真正的人工智能必须有自己的目标,并且解决的任何问题都是出于自身的需要。

在 20 世纪上半叶,人们通常认为智能是生命独有的。时过境迁,这样的观点早已属于故纸堆。在过去的 60 年中,人工智能与计算机科学携手并进,为业界与人类文明的方方面面带来巨变。在许多曾被认为人类心智不可能,或者至少需要历时多年才能被人工智能赶超的领域,人工智能已经连连发起挑战。1997年,IBM 公司的人工智能国际象棋程序"深蓝"(Deep Blue)击败了世界象棋冠军加里·卡斯帕罗夫(Garry Kasporov)。2016 年,谷歌旗下 DeepMind 公司的"阿法狗"(AlphaGo)击败了前世界冠军李世石。2017 年,由卡内基梅隆大学的诺姆·布朗(Noam Brown)和托马斯·桑德霍尔姆(Tuomas Sandholm)开发的名为 Libratus 的人工智能程序也在无限注德州扑克中战胜了职业选手。2019 年初，DeepMind 公司的人工智能程序"阿法星"（AlphaStar）在一个复杂的实时战略游戏"星际争霸"（StarCraft）中打败了职业玩家。这些引人注目的成功案例让一些学者忧心忡忡，有人警告说，人工智能不只能在围棋、国际象棋等游戏中击败人类，恐怕也会在其他所有与人类认知有关的能力中居于上风。这样的人工智能，通常被称为超级智能（super-intelligence）。

超级智能是否真的会出现，并且开始取代人类？在尝试回答这个问题之前，我们首先要了解人类智能的本质，以及它与人工智能的区别。不然的话，我们就有可能被两者在表面上的相似或不同所欺骗。例如，数字计算机是用以硅元素为基础的半导体制造出来的，而脑则是由含有多种生物大分子（如蛋白质）的细胞所形成的结构。然而，我们不能单纯因为它们的组成成分不同，就认为人工智能与人类智能有本质区别。虽然我们还没有完全了解人脑是如何运作的，但是也许有一天，我们会造出一台工作方式比如今的计算机更接近于人脑的机器。

当今的人工智能并未真正具备智能，这并非因为它的材料和组件与人脑不同，而是因为它是由人类设计出来解决人类指定的问题的。如果人工智能具备了真正的智能，它就必须有自己的目标，并且解决的任何问题也是出于自己的需要。人工智能被创造出来，是为了促进人类社会的福祉和繁荣，而不是为了它自身的利益。这并不代表人工智能就不会做出损害人类的事情，因为这种结果仍然可能会因为人工智能自身的技术缺陷或是设计者本身动机不纯而产生。不管怎样，决定一个人工智能程序成功与否的是人类。这很重要，因为许多现实生活中的问题并没有明确的答案，不同的人对各种解决方案进行评估，选出的最佳方案也许不尽相同。因此，对人工智能的评估，可能会因人类评判者的偏好而不同。

如果人工智能不把自身利益纳入效用函数的考量，那人工智能就不能被视作真正的智能。当然，就像不依赖效用也同样可以做出决策一样，不依赖效用的人工智能是可以存在的。但正如我们在前一章中所探讨的，效用能使决策过程更高效，对人工智能也是如此。设想一下，当你制造一个人工智能机器人来解决一系列复杂问题时，你无法穷尽它可能面临的所有情况，并逐一给出清晰的应对指令。当可变的选项众多，也无法被精准地预知和列举时，要手动为所有可能的选项去指定效用也极其困难。因此，在近年的人工智能技术（例如深度强化学习）中，人工智能要依靠自身经验来学习不同选项的效用，然而衡量效用的标准依旧是人类指定的。那么问题来了，如果人工智能学会以自己的利益为准绳来修改其效用函数，这样的人工智能是否算得上是真正的智能呢？

在前面的章节中，我们通过探讨人类和其他生命形式的智能实例，来深化对智能这一概念的理解。在这一章里，我们将借助对生物智能与人工智能的比较，来进一步研究智能与生命间的关系。人脑与计算机是否存在本质区别？如果计算机技术不断发展下去，计算机是否会逐渐超越人类？为了探寻这些问题的答案，我们将追溯火星探测器的历史。它们提供了一个很好的例子，来说明机器人可以怎样借助人类设置的效用函数进行决策。我们将会看到，为什么真正的智能需要以生命为依托。

脑与计算机

我们习惯于把人脑和计算机进行比较，或许是因为到目前为止，计算机是人类发明的最先进的机器，而且能够执行多种多样的复杂任务。在过去，人们也总会把人脑比作当时所知的最复杂的机械。例如，在17世纪，笛卡尔（Rene Descartes）笔下描绘人脑的类比对象是巴黎郊外圣日耳曼-莱昂皇家花园中的一台液压自动机器，它各个部分的运动受流经管道的水流的压力控制。同样，在19世纪晚期，弗洛伊德（Sigmund Freud）则通过脑与蒸汽机的类比，阐述了他的精神分析理论。虽然我们现在将人脑比作计算机，但这种类比的准确性显然受到了我们想象力的制约。

尽管我们对脑的了解仍然有限，将它视作一种计算机并非不合情理。首先，人类设计计算机的初衷，就是想让它们像人类思维那样工作。最初，它们的发明是为了执行逻辑或数值计算，在人力计算的基础上提高运算速度及准确性。从很多方面来说，计算机的创造就是为了模仿人脑的功能，而我们对脑功能的认识也对计算机的演进过程做出了贡献。接收到感觉刺激时，脑分析并存储其中包含的信息，然后在有需要时把这些信息重新提取出来。计算机的工作方式与此相似。它们通过键盘、鼠标等设备中接收输入，根据这些输入以及从存

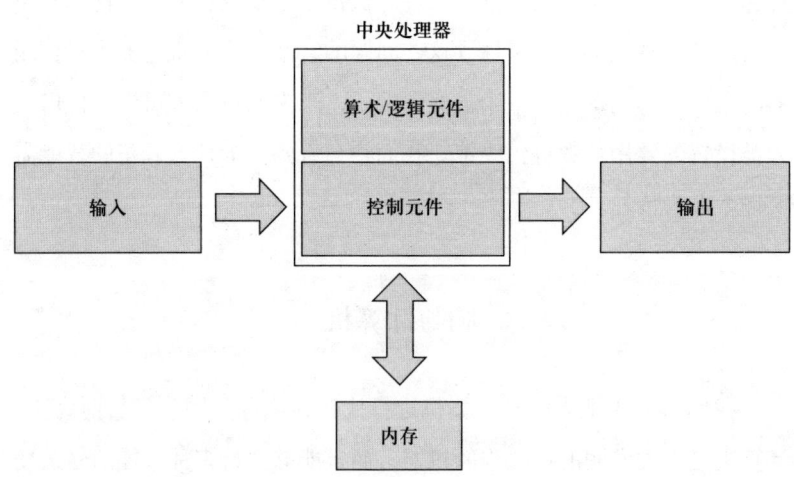

图 3.1　冯·诺伊曼计算机的结构

储器中提取出来的其他信息执行各种计算，并再次将结果存入存储器中。以这种方式运行的计算机通常被称为冯·诺伊曼计算机（von Neumann machine，图3.1）。当然，这样一台计算机也可以用来控制其他机械组件，如马达和阀门。随着机器变得愈加优雅复杂，控制它们的计算机也变得更加强大，这样的人工智能机器人将开始更加深入地模仿人类的智能与行为。

脑与计算机的相似之处还不止这些。虽然它们的物理载体相去甚远，组成脑和计算机的模块在功能上却有一定的相通之处，对我们熟悉的现代数字计算机来说尤其如此。让我们先来简要回顾一下脑中的神经元如何相互通信。每个神经元通过树突接收来自数千个其他神经元的信号。这些信号一般分为两类：一类减少神经元内部的负电荷，使其更容易被激发；另一类则使神经元内部带更多的负电荷，使它更难激发。这种兴奋性和抑制性信号的总和决定了神经元是否会产生动作电位。让我们来想象一个简单的神经元，它只接收两个输入。它在两个输入都活跃或至少一个输入活跃时产生动作电位。这样的运作就类似于逻辑运算：前一种情况对应于逻辑运算符"与"，当且仅当两个输入都为真时，值为真；后一种情况则对应于"或"，当至少一个输入为真时，值为真。在计算机中，这些逻辑运算被用来执行二进制计算，并且通过晶体管来实现。只需要两个晶体管，就可以构建一个能够执行"与"和"或"运算的简单电子电路（图3.2）。因此，脑中的突触与计算机中的晶体管执行的功能是相似的。

大量晶体管可以集中在相对小的空间里，这被称作集成电路（integrated circuit）或芯片。中央处理器（central processing unit，CPU）通常被比作计算机的大脑，它是一种集成电路，也就是许多晶体管的集合。如1978年发布的英特尔8086处理器，其性能相当于29000个晶体管。相比之下，苹果公司的A11"仿生"处理器（发布于2017

图3.2 与门既可以由神经元实现（左），也可以由一对晶体管实现（中）。大量晶体管可以在集成电路中组合起来，如英特尔8086芯片（右）

年，用于iPhone X手机）拥有43亿个晶体管。高通公司同年发布的Centriq 2400处理器包含了约180亿个晶体管。CPU中的晶体管数量是其性能的一项重要指标，它通常呈指数级增长。例如，Centriq 2400的晶体管数量是8086的62万倍，如果从1978年到2017年这39年间，晶体管数量每两年翻一番，Centriq 2400的晶体管数量差不多就是预期达到的数字。密集集成电路中晶体管数量大约每两年翻一番的规律被称为"摩尔定律"，它的命名源自观察到这一规律的戈登·摩尔（Gordon Moore），他也是英特尔公司的创始人之一。

计算机会胜过人脑吗？

由于计算机硬件（如CPU）在过去数十年间都以指数式增长，不难乐观地认为这种趋势将持续下去。人脑和计算机在硬件上也有些相似之处——突触和晶体管可能具有类似的功能。因此，如果摩尔定律在未来仍然有效，终有一天，计算机的性能可能会超过人类。事实上，我们甚至可以粗略估计多少个晶体管就相当于一个人脑，这样一来要估算这种情况何时发生，就更加容易了。人脑中大约有1000亿个神经元，每个神经元大约有1000个突触。因此，人脑中突触的总数大约为100万亿个。如果我们认为晶体管和突触具有相似的功能，那么人脑就相当于一个由大约100万亿个晶体管组成的数字计算机。换言之，人脑的运算能力大约相当于23000个iPhone X。如果我们同时假设摩尔定律继续有效，那么到2046年，像iPhone这样的便携式计算机可能就会包含与人脑突触数量一样多的晶体管。计算机和人工智能的性能开始超过人类的时间，被称作技术奇点（technological singularity）。雷·库兹韦尔（Ray Kurzweil）在他的著作《奇点临近》中大胆预测，这一奇点大约会在2045年到来。但是，以下几个理由让人觉得，做出这样具体的预测也许还有些为时过早。

首先，人工智能解决的问题都是限制在某个特定领域里的。诚然，人类发展人工智能，是为了解决自己难以解决的复杂问题，然而人工智能为某个问题求得解决方案的前提是，这个问题能够被清晰地定义出来（就像国际象棋和围棋），并且对某个答案的正确与否，能够有一套清晰的评判标准。不仅如此，由于人工智能是为了解决人类不擅长或者不愿意处理的问题而被开发出来的，因此，当环境发生剧烈变化的时候，人工智能很难灵活地随机应变。举个例子，尽管谷歌DeepMind开发的人工智能程序可以从零开始学会玩不同的视频游戏，这些游戏还是有很多相似之处。要让人工智能学会解决现实生活中具有本质区别的各种问题，恐怕还尚需时日。

其次，人工智能并不为自己解决问题。由于人工智能是为了解决某个或者某些人类指定的问题而被开发出来的，因而它无须解决跟自身维护、修复或繁衍有关的问题，而这些问题恰恰是动物神经系统和智能的主要目标。智能不能与其主体割裂开来讨论。目前，大多数先进的人工智能程序都是为提升人类开发者的福祉而设计的，因此人工智能研究的显著进步应当归功于人类，而不是人工智能本身——真正居功至伟的，是人类的智能，人工智能仍然只是一项工具而已。如果一个小提琴家演奏出了优美的音乐，这不能简单归功于小提琴，而是制琴师和小提琴家技巧的共同结晶。

最后，也许最为重要的是，我们对人脑功能的认识仍然很有限，因而要准确预测人工智能的性能何时能超越人脑就非常困难。我们也有可能发现，计算机与人脑并不相似，又或者如果它们的运作方式有本质区别，两者之间的直接比较也就不见得有多少意义。预测计算机和人工智能将在不久的未来超越人脑，这一论断建立在对计算机与人脑的基本元素（如晶体管和突触）之间功能相似的假设上。然而，正如我们接下来将要讨论的，突触的结构比晶体管要复杂得多。晶体管大致相当于二进制开关，而突触却并非如此。

突触与晶体管

突触是两个神经元——突触前神经元和突触后神经元——之间的间隙，它是突触前神经元的信息传送到突触后神经元的部位。当动作电位到达突触前神经元的轴突处时，便会触发这种信息传递（图3.3）。它导致突触前神经元膜上钙通道的打开，使钙离子得以流向神经元内部。钙离子的流入激活了一系列事件，最终导致突触小泡与突触前神经元的细胞膜融合，存储在突触小泡中的神经递质被释放到两个神经元之间的空间——称为突触间隙（synaptic cleft）——中，它只有约20纳米宽。神经递质分子通过扩散作用穿过突触间隙，并与突触后神经元细胞膜上的受体结合。这将导致膜电位的变化。因此，突触可以被视为一个开关，突触前神经元中的信号通过它最终影响了突触后神经元的兴奋性。相比之下，晶体管的工作原理要简单得多。晶体管

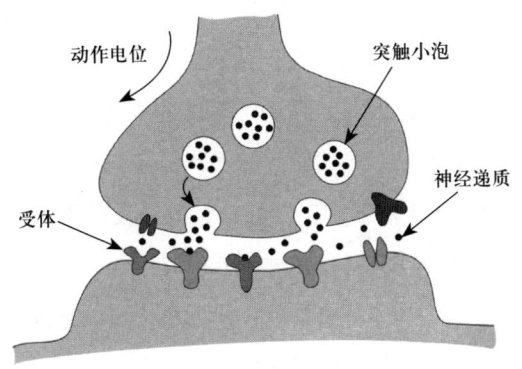

图 3.3 突触的结构

由两种不同类型的硅组成,它们具有不同的化学性质,像三明治一样排列。晶体管有 3 个引脚,称为基极、发射极和集电极。在基极和发射极之间施加一个小电压,便能导通晶体管,并允许一个大得多的电流在发射极和集电极之间流动。

如果突触和晶体管的功能都近乎一个开关,为什么突触的结构要比晶体管复杂得多?一个简单的答案是,突触的复杂结构使得它能够根据具体情境,调整突触后神经元中产生的信号强度。因此,准确地说,突触不应该被看作单个开关,而更像是许多开关的集合。单个突触在突触前终端包含了不止一个突触小泡,而是数百或数千个小泡,而且在突触后膜上往往又有几十或数百个受体。而突触小泡和受体两者的可用量,共同决定了突触后神经元中电压变化的大小。除此以外,突触中可用的突触小泡和受体的数量还可以根据最近通过该突触的信号的频繁程度而变化。所以,突触的过往经历会影响其当前的功能特性。

为什么突触的功能要取决于具体情境?一方面,如果突触的工作方式并不总是保持一致,这就意味着,信号在从突触一端传导到另一端的过程中,会受到一些额外因素的影响。从信号传输的准确性来说,这不是一件好事。假如有一个晶体管,像突触这样根据曾经接收到的信号调整其功能，它很可能会被当作残次品丢掉。但在另一方面，突触的这种可以被经验调节的特性，对于脑通过学习找到各种问题的最佳解决方案至关重要。因此，突触可不只是传输某种固定信号的晶体管，而具有更精密、复杂的功能。的确，曾经有人提出过一种称为"忆阻器"（memristor）的假想电子元件，其性质能因曾经流过该元件的电流而变化，这一性质就和突触十分相似。

当然，突触在功能上比晶体管更复杂，并不意味着计算机永远赶不上人脑。如果计算机及其芯片继续提高性能，更高级的芯片也许能与突触具备相同的功能。例如，一些科学家现在正致力于研发一种直接模仿突触和神经元功能的新型集成电路，这种芯片被称为神经拟态（neuromorphic）芯片。此外，高端超级计算机包含大量处理器，可以使用它们进行并行计算。这些超级计算机中，已经有一些具有与人脑中的突触数量几乎一样多的晶体管。例如，截至2018年6月，世界上最快的计算机是IBM公司的"顶点"（Summit），它拥有9216个名为Power9的中央处理器。每个Power9包含80亿个晶体管，因此"顶点"的晶体管总数约为74万亿，与人脑中突触的总数大体相当。

硬件与软件

毫无疑问，人类将在未来继续建造更加强大的计算机，未来的计算机将会如何运作，仍是个未知之数。例如，基于诸如"态叠加"（superposition）一类量子力学现象的计算机，可能会比传统的数字计算机更快地完成某些类型的困难运算。因此，我们关于人脑与计算机之间差异的讨论，仅限于我们今天所知的数字计算机。现在让我们想象一下，我们拥有一台计算机，它的运算能力与人脑相同，甚或更高。比如说，假如由人脑中的单个突触执行的运算相当于1000个晶体管的功能,那么这样的计算机将拥有大约100千兆(10^{17})个晶体管。这是否就意味着,这台电脑会像人类一样聪明?恐怕不然。这是因为,计算机的功能不仅取决于其硬件(如中央处理器和内存),还取决于其程序(即软件)。即便你拥有了像"顶点"那样世界上最强大的超级计算机,如Summit,它的围棋技艺有多高超,还取决于运行的程序(如阿法狗)。假如拥有更为优越的程序,一台在硬件上稍逊一筹的计算机或许能比另一台更强大的计算机更快找到问题的解法。

什么是计算机程序?计算机程序是一组指令,用于确切地指定计算机将要运行的计算。大多数数字计算机都是图灵机,并且遵循约翰·冯·诺伊曼(John von Neumann)于1945年提出的体系架构。因此,数字计算机通常称为冯·诺伊曼计算机。在冯·诺伊曼计算机中,计算机的中央处理器从其存储器中提取特定的指令和数据,根据指令对数据执行计算,并将该计算的结果存储到指定位置。该过程可以根据需要重复任意多次。计算机程序指明在以上每一个步骤中,计算机应当如何处理数据。有些计算机并不完全遵循冯·诺伊曼计算机的设计,使用其他渠道将指令和数据传送到中央处理器中。然而,几乎所有类型的数字计算机都是根据程序的指示,来执行特定功能的。

把计算机的软件和硬件分离开来,是一种方便的做法,因为这使得同一台计算机可以用于不同的目的。要执行不同的任务,我们只需要更改软件,而不是重新买一台新的计算机,或者把整台计算机重新组装一遍。然而,与计算机不同的是,脑的硬件并不是固定的。比如,脑可以通过经验改变它对同一个感觉刺激的反应方式。这种改变,是由脑在硬件上的改变——相关突触的结构改变——所带来的。在人脑中,软件和硬件之间并没有清晰的界限。因此,比较计算机和人脑的功能,不能仅仅考虑硬件问题。

目前,我们尚未完全理解,大脑如何能够灵活应对它在不同环境中遇到的形式各异的问题。在这种情况下，将其描述为不同程序之间的切换并没有什么意义。然而，在我们结束对大脑和计算机之间异同的讨论之前，我们还需要探讨一个重要的问题。在本书的第1章，我们将智能定义为解决各种环境中复杂问题的决策能力。对计算机来说，它们的程序决定了它们要去解决什么问题。因此，计算机如果要能适应不同环境并真正具备智能，它就需要会选择适当的程序，来解决在不同环境中遇到的新问题。如果一个程序能够解决这个选择程序的问题，它就可以称为元程序（meta-program）。对标准数字计算机来说，这一元程序本身属于软件，但它同时必须是软件和硬件之间的纽带。元程序需要识别出计算机硬件当前要解决的问题，并且拥有足够的知识，能判断出解决该问题需要调用哪个程序最为适当。通常，这样的任务仍然落在人的身上。某些专门软件（如操作系统）能够在不同程序之间切换，但它们也仅能承担十分有限的任务。说到底，还是我们人类在安排计算机的硬件和软件，来处理我们需要解决的问题。一个具备真正智能的程序，应该能够执行像这样的"元程序"一样的功能。

  迄今为止，人们开发的大多数人工智能程序都只是在没有元程序的情况下运作。装载了温度自动调节器的空调，可以根据温度自动开启或关闭。无独有偶，扫地机器人可以在清扫完整个房间后，自动返回充电站。从完成既定任务的角度来讲，这些机器具有简单的人工智能，能够胜任预先设定的功能，但这样的智能仅仅是最低水平的。新近出现的人工智能程序（如阿法狗），比它们要强大得多，但在选择问题的能力上，并没有什么进步。如果我们真的想要比较人类智能与人工智能，我们就不能仅仅比较它们解决某个特定问题（如下围棋）的能力，而是要放手让它们探索环境，看看它们遇到出乎意料的问题时，各自的表现如何。当然，当我们测试人工智能的这种能力时，人类不应监控它的表现，也不能在有需要时提供额外指令。人工智能需要在无法与人通信并获得建议的情况下，独立自主地完成任务。对于那些在远离地球的地方（如火星）工作的人工智能机器人来说，这种要求是合乎实际而且至关重要的。

在地球上运行人工智能程序的计算机无须担心自己的生存（即它们赖以正常运行的电源和冷却系统），因为这些问题是维护人员要操心的事情。只要人工智能还需要人类的看护，人类就仍然可以控制人工智能，指挥它完成人类所需的任务，而不服从人类意愿的计算机和程序会被很快淘汰。然而，火星上的人工智能则没有这样的奢侈，它必须能照顾自己，以生存下去。在那样的环境里，如果一个人工智能连自身的正常运转都无法维持，解决任何其他问题就更不可能了。

火星上的人工智能

假如有一天人类要到太阳系中的另一个星球上殖民，最有可能的目的地就是火星了。金星虽然比火星离地球更近，但其平均表面温度约为460℃，比铅的熔点（327.5℃）还高。虽说火星上的气压还不到地球的1%，这样的大气层也不太适合人类，但火星胜在有水，而且火星上的一昼夜（称为太阳日）为24小时40分钟，与地球上的一天长度很相近。除了相对宜居的环境以外，火星吸引人类的另一个重要原因，是火星上也许存在生命。

人类对火星发起的探索之旅始于20世纪60年代初。一般来说，对太阳系中其他行星及其卫星的探索分为三个阶段，包括飞越、轨道飞行和登陆。第一次飞越任务是由美国宇航局（National Aeronautics and Space Administration，NASA）开发的水手4号（Mariner 4）太空船完成的。水手4号于1964年11月28日离开地球，于1965年7月15日抵达距火星9846公里处，并成功地将22幅火星数码图像发送回地

图 3.4　海盗 1 号拍摄的火星景观。图片来源：美国宇航局

球。火星探测的下一个里程碑是水手 9 号（Mariner 9），它于 1971 年 5 月 30 日发射，是首个成功环绕火星飞行的探测器。几年后的 1975 年，NASA 发射了两个航天器，分别名为海盗 1 号（Viking 1）和海盗 2 号（Viking 2），它们各有一个轨道器和一个着陆器。海盗 1 号于 1975 年 8 月 20 日发射，于 1976 年 6 月 19 日进入火星轨道，而海盗 2 号于 1975 年 9 月 9 日发射，于 1976 年 8 月 7 日进入火星轨道。它们的着陆器分别于 1976 年 7 月 20 日和 9 月 3 日成功降落在火星表面（图 3.4）。

任何被派遣到天体上执行探索任务的设备，都需要安装各种各样的组件，以确保任务圆满完成，其中包括用于与地球上的工程师通信的设备，以及电池或发电机。例如，海盗 1 号和 2 号拥有使用钚发电的放射性同位素热电发电机，以及用于与轨道器或与地球直接通信的多个天线。它们还配备了用于分析生物、化学、气象学和地质学样品的仪器设备。此外，它们还搭载了一台计算机，以及一台可存储 40 兆数据的磁带录音机。这些计算机非常关键，它们使得地球上的研究者能够根据从机载传感器收集的数据和其他信息来控制着陆器的运

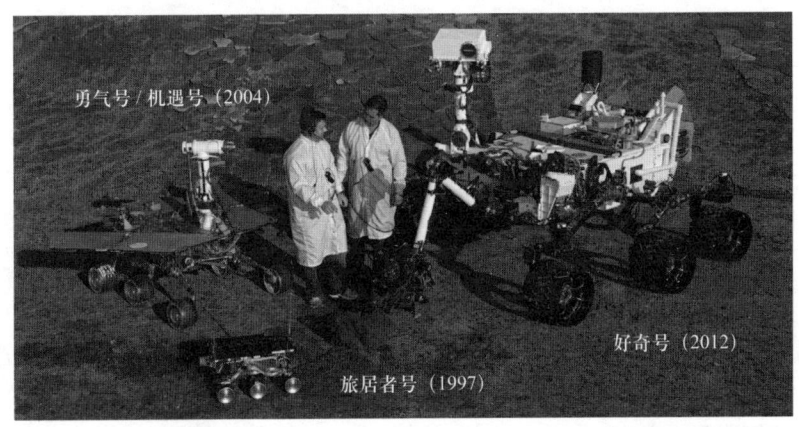

图 3.5 火星上的探测车。图片来源：美国宇航局

作。但是，海盗 1 号和 2 号的着陆器都不能移动，因此它们就像植物一样，不需要智能来引导它们的运动。若干年后，人类开始向火星发送可以自主运动的火星探测车（Mars rovers），从而在火星上开启了人工智能的时代。

到目前为止，一共有四台火星探测车成功抵达火星（图 3.5）。打头阵的是旅居者号（Sojourner），于1997年7月抵达。接下来是一对"双胞胎"勇气号（Spirit）和机遇号（Opportunity），它俩于2004年1月踏上火星。最新加入它们行列的，是2012年8月着陆的好奇号（Curiosity）。截至2018年，机遇号和好奇号仍在工作。与海盗1号、2号这样的静止着陆器相比，这些探测车必须能够应付更复杂的决策，才能在我们仍然所知甚少的火星地表行驶。雪上加霜的是，由于我们离火星实在太远了，因此想要靠地球上的工作人员远程遥控火星车的运动，是完全不切实际的。地球与火星之间的距离在5460万到4.01亿公里之间，平均距离为2.25亿公里。这意味着，即便是用以光速行进的无线电信号，在两个行星之间发送接收一次信号，也得需要大约25分钟。设想一下，如果地球驾驶员发现火星车马上要从悬崖上坠落，立即发出停止信号，等到该信号到达火星时，已是灾难发生25分钟以后了。因此，所有被送到火星的探测车都需要一定程度的人工智能，尤其是为了满足自主导航的需要。

旅居者号还活着吗？

旅居者号在1997年7月踏上火星表面，是第一个在火星留下足迹的探测器。它相对较小，重约11.5公斤，还包含太阳能电池板和一台光谱仪。它配备了6个小车轮，这些车轮直径为13厘米。它的最高速度约为1厘米/秒（约合36米/小时）。旅居者号的小型天线由于功率太低，无法直接向地球发送信号，所以需要先将信号发送给与它配合工作的着陆器火星探路者号（Mars Pathfinder），再由后者转发给地球。旅居者号还包括3台摄像机和一台500千字节（kilobyte, kb）内存的计算机，但它不能独立进行导航。因此，它的导航过程遵循以下步骤。首先，探路者号拍摄大量周边地区的照片发给地球。然后，基于这些图像，地球上的工程师构建出探路者号和旅居者号所在区域的详细三维模型。接下来，科学家通过探路者号向旅居者号发送一系列指令，引领旅居者号行驶到一个新的位置。这一整个过程每天只能进行一次，因此旅居者号每日的行程最多只在1米左右。考虑到旅居者号如果全速行驶的话，每天其实可以行进大约860米，这样的行驶距离实在很短。

不幸的是，地球上科学家与旅居者号的通信只维持了80天就中断了，原因是探路者号的电池故障，而旅居者号本身并没有出问题。旅居者号从地球接收到的最后一个命令是保持静止一周，然后绕过探路者号前进。我们并不知道旅居者号把这最后的任务持续执行了多久，但这足以让人浮想联翩。如果能把它们的电池修复，说不定探路者号和旅居者号还能重新恢复工作，就像《红色星球》（2000）和《火星救援》（2015）等几部好莱坞科幻电影里所描述的那样。

自主人工智能

在失去探路者号和旅居者号后，美国宇航局在2003年发射了两枚火箭，将"双胞胎"勇气号和机遇号送往火星。它们俩分别于2004年1月4日和25日降落在火星对侧的赤道附近。和旅居者号一样，它们也配有6个车轮，但重量达到了约180公斤，是旅居者号的15倍多。旅居者号配备的电池是不可充电的，因此在电量耗尽以后，旅居者号只能在白天依靠太阳能电池板工作，就好像地球上那些依赖环境中的外部热源维持体温的外温动物（ectotherm）一样。与之相反，勇气号和机遇号的电池是可充电的，因此在夜间两辆火星车可以用加热器控制体温。在温度低至零下140℃的火星上的夜晚，这一功能对火星车的持续运作至关重要。这样一来，火星车还需要具备一种智能算法，以在加热器和其他耗能设备之间合理分配能量输出。地球上的内温动物（endotherm）——也就是能够产热并调控体温的温血动物（如鸟类和哺乳类）——也需要解决同样的问题。

勇气号和机遇号还配备了一系列仪器设备，用于收集高分辨率图像和其他科学数据。相比起旅居者号的3个摄像头，它们各自拥有9个摄像头。在6个用于导航的摄像头中，4个称为避险摄像头，位于火星车下部，专门监测潜在的障碍物。剩下的两个是导航摄像头，位于火星车的桅杆上，负责在行驶过程中提供三维图像，监测周边地形地貌。火星车还配有一对全景摄像头，能够以近乎人眼分辨率的精度，对火星表面进行360度全景拍摄。9个摄像头中的最后一个，是装在火星车机械臂上的显微成像仪，它的位置比其他摄像头可以更为精确地控制，用来给岩石和土壤拍摄高分辨率（1024×1024像素）特写照片。勇气号和机遇号的机械臂上，还装有两个用于分析岩石和土壤化学成分的光谱仪，以及用来磨掉岩石外表面的磨石器。

要让这些仪器设备都各尽所能，火星车需要运用人工智能来解决导航、数据管理等重要问题。正如我们将在下面看到的，这也是所有具有智能的主体都必须面对的两个最基本问题。首先，为了在效率上比旅居者号更上一层楼，新一代火星车要能够自主根据火星地形选择移动路线，并操控自己安全前往地球上的科学家们指定的目的地。其次，由于9台摄像机收集的数据量太大，无法同时处理，因此这两辆火星车还需要不断做出决策，选择将哪些图像发往地球。这两项任务都有火星车上专门的人工智能程序进行管理。

"自主外星行驶系统"（Autonomous Planetary Mobility，APM）是一个人工智能程序，负责每天引导勇气号和机遇号前往指定目的地。假如没有APM，勇气号和机遇号在移动能力上不会比旅居者号好多少（读者应该还记得，后者每天只能移动1米左右的距离）。APM使得火星车能以5厘米/秒的速度行驶大约10秒时间，然后停下来分析避险摄像头和导航摄像头收集的新图像。如果发现障碍物，APM会调整火星车的移动路线。有了APM，两台火星车能够以36米/小时的速度行驶，比旅居者号快了约800倍。需要强调的是，这一重大进步大部分归功于APM，而非火星车硬件（如车轮或电机）上的改进。

勇气号和机遇号配备的另一个人工智能程序，叫作"科学信息自主采集增强系统"（Autonomous Exploration for Gathering Increased Science，AEGIS），负责控制火星车上的摄像头，并对摄像头采集到的图像进行分析。APM和AEGIS分管导航和图像分析，这两个功能看似互不相干，但其实相辅相成。首先，APM的导航路线决策依赖于AEGIS的图像分析结果。比如，如果AEGIS无法识别行驶路线上物体的形状和类型，那么火星车就必须放慢速度。其次，当火星车的速度提高时，AEGIS需要分析的新图像的数量就随之增加，因此随着APM效率的提高，AEGIS的任务也变得更繁重了。这对于导航来说十分关键，但值得指出的是，AEGIS的另一部分职责，是分析和评估火星车的全景摄像头和显微成像仪收集的图像。设想一下，要是火星车不能评估它采集的图像的科学意义，那还有什么意义？或者说，要是这些图像只能由地球上的人们来评估，那么效率将会受到多大的限制？如果没有AEGIS，即便火星车的某些摄像头采集到了具有极高科研价值的岩石或者景观图像，火星车也只会心无旁骛地继续前往原定目的地。等到这些图像被发送到地球，并由科学家们查看过后，火星车早已移动到远方。如果科学家们需要更多的图像数据，火星车就只能重新长途跋涉，回到其先前的位置。甚至，假如图像中包含了火星中某些生命形态的证据，我们进一步研究它们的机会也许就永远错失了。因此，考虑到这些情况，科学家在构建AEGIS时，使该系统掌握了地球科学家们对哪些岩石和景观类型感兴趣，并能够自主决定何时让火星车停下来，以采集更多照片。

从某种意义上说，AEGIS 和 APM 可以分别比作火星车的感觉和运动系统，它们充分体现了两者之间的相互制约关系。在动物神经系统的进化过程中，感觉系统和运动系统的共同进化也十分常见。这是因为，动物感觉系统接收到的信息的性质会随着动物在环境中的运动方式而改变。例如，鸟类在飞行和鱼类在游泳时采集的图像有着本质区别，这种区别也进一步反映在两种动物的神经系统对图像的分析与处理方式上。

勇气号和机遇号的表现远远超出了美国宇航局的科学家们最开始的期望。他们原先预计任务只能持续大约 90 天。然而，截至 2010 年 3 月 22 日失去通信，勇气号工作了 2210 个火星日，行驶了 7.73 公里。地球与机遇号的最后一次通信是在 2018 年 6 月，到此时机遇号已经工作了 5111 个火星日，累计行驶里程为 45.16 公里，比一个马拉松长跑的全程距离还要长。

目前，火星上还有一辆火星车，这就是 2012 年 8 月着陆的好奇号（Curiosity）。好奇号重约 900 公斤，是机遇号重量的 5 倍。好奇号的硬件远远优于机遇号。它从放射性同位素热电发电机中获取能量，该发电机即使在夜间也能继续运行。它的天线比机遇号强大得多，还有 17 个摄像头，几乎是机遇号的两倍。它甚至还有一台备用计算机，因此如果主计算机出现故障时，备用计算机可以接管火星车，继续执行任务。好奇号最酷炫的设备，也许是一个红外激光器，它可以将一小块火星表面气化掉，以根据气化过程中发出的光的波长来识别岩石样本中的元素。有趣的是，尽管硬件有了这么大的改进，但好奇号上的人工智能程序却与机遇号很相似。

人工智能对火星车的成功居功至伟。值得玩味的是，要取得这样的成功，人类就必须放弃对火星车的直接操控权。建造火星车的首要目的是探索火星，然而一旦有了人工智能，火星车就可以开始独立决策。比方说，我们来想象一下，机遇号发现了一块岩石，而其AEGIS程序判定这块岩石具有高度重要性。因此，机遇号决定不再前往地球上的人类控制员选定的目的地，而把当天的剩余时间都用在拍摄大量照片并将其传输回地球上。这样做，在时间和电力上的机会成本十分可观。万一这些图像的内容微不足道，火星车做的就不是一个好决策。然而，我们一旦允许火星车独立行动，就不再能够立刻纠正它们的行为。同时，由于前面提到的信号传播速度的限制，即使地球上的科学家持续监控火星车，也得过许多分钟才能发现这些不明智的行为并予以纠正。这是委托-代理问题的一个例子。在经济学中，委托-代理问题指的是这样一种情况：当委托人放权代理人自主决策后，又试图干涉代理人的行为，以保证自己的利益最大化时，委托-代理问题就会出现。委托-代理问题在人类社会中非常普遍，并不是人与人工智能之间特有的。例如，当雇主聘用员工时，便会产生委托-代理问题：雇主应该对员工采用什么样的管理方式和规则，才会消除磨洋工现象？从本质上说，脑也存在同样的问题。我们可以把人脑看成一种生物机器，它的产生与进化是为了帮助基因的复制。从基因的角度来看，人脑和智能其实就是它雇用的代理人，目标便是利用它们为自我复制找到更有效的策略。

人工智能与效用

在前一章里我们看到，借助效用最大化的原则，决策问题可以被大大简化。不仅对于人类和动物的决策来说是如此，对人工智能程序（包括火星车的程序）也是一样。比如，火星车在当前位置与目的地之间可选的路线有无数多，假如火星车很走运，正好处在一个没有任何障碍物的平坦表面上，那么它可以选择两者之间的直线。然而，如果有若干障碍物，选出最佳路线就不是那么轻巧的事情了。在这种情况下，常用的解决方法是定义一个效用函数，该函数对任意可能的路线都能算出效用值，这样一来，火星车选择效用最大的那条路线就可以了。如果不使用这样的效用函数，工程师就得先列举所有可能的障碍物位置，然后为每一种情况预先选定火星车的路线。与这种繁重而低效的方法相比，工程师可以"授人以渔"，给火星车提供计算不同路线的效用的算法，这样的算法可以不仅考虑障碍物，还可以包含其他许多因素，如到目的地的距离、行程允许的时间、剩余电量、可以承受的风险或发生物理损坏的概率等。利用这样的效用函数，火星车就具备了人工智能，可以根据所在环境的当前状况，自主选择行进路线。实际上，基于效用或价值的计算在人工智能领域越来越普遍。例如，阿法狗正是利用"深度强化学习"（deep reinforcement learning）算法，掌握了胜过人类的围棋技巧。我们还将在本书的后半部分中更详细地讨论，这些算法如何通过观察环境中新的、意料之外的信息，来对效用以及相关变量进行调整更新，进而不断改进它们的决策策略。总而言之，效用理论在从经济学、心理学到人工智能的诸多领域中都发挥着重要作用。

机器人社会与集群智能

脱离了社会情境，我们就不可能充分理解人类的智能和行为。事实上，所有人类行为都发生在某种社会情境之中，即便一些非常简单的运动亦不例外，比如我们在第1章中讨论过的跳视。目前，人类智能与人工智能差异最大的方面，也许正是在社交领域。然而，随着人工智能技术的不断发展，以及人工智能机器人之间的沟通不断增加，它们之间的社会交往的性质也将变得更为复杂。假如有一天，人工智能机器人之间的互动变得比人类之间更为高效，这将对我们的社会产生难以估量的影响。

让我们回到火星。机遇号与好奇号目前彼此相距超过8000公里，它们直接相遇的机会不大。即使它们真能见面，它们拥有的人工智能程序主要关注图像分析和自主导航，因此，我们不能期待它们之间会发生任何有意义的社交互动，例如通过合作来更有效地完成某些任务。但是，我们仍然可以推测，随着火星表面上火星车和其他机器人的数量不断增加，相互通信和实体间合作的频率和深度也会随之增加。举一个简单的例子，如果在不同的火星车和机器人之间可以共享天气信息，这将使它们能够更有效地在恶劣天气下寻找庇护场所，以保障自身的安全。如果它们中的一员发现有关火星景观或疑似生命体的重要信息，并需要额外的内存来存储新的图像文件，它们也可以共享内存。但是，为了使这种合作成为可能，它们需要建立一套判定各种任务优先级的规则。例如，如果两个火星车同时需要额外的内存，应该由谁来决定哪些图像更重要？解决这些冲突恐怕不是一件易事。在人类之间，由不同的偏好与意见引发的争论从未停歇。或许有朝一日，我们会看到火星上的人工智能机器人产生意见分歧，为谁积攒的数据和知识更重要而争论不休。

一旦人工智能机器人开始进行实体上的互动，一些更有趣的、与合作相关的社会问题也会由此产生。例如，一旦火星车开始分享电量，可以预见到，一些火星车可能向从事更重要任务的其他火星车捐赠其电量。在某些情况下，我们甚至可能会看到一个火星车为了拯救另一个火星车而牺牲自己。任何机器人如果要能完成复杂的任务，它们就必须有能力保护自己免受意外伤害。这意味着它们应该是自私的。如果没有人类的直接命令，要诱导这种自私的机器人为了拯救其他机器人而牺牲自己，可能是件棘手的事情。即便是人类自己，也还没有完全学会如何解决这些冲突。人类有些时候会选择利他的行为，或者与他人合作，然而我们尚未完全了解驱使人们这样做的原因，以及这些因素在何时起作用。

如果在火星上活动的机器人数量持续增加，有一天也许会产生集群智能（swarm intelligence）。集群智能指的是，在一大群主体中，虽然各个主体仅与少量其他主体相互联系，但整个群体仍表现出组织有序的行为的现象（这并不一定需要有一个中央领导者来指导其他主体的行为）。集群智能在生物系统中很常见，例如蚂蚁或蜜蜂群落。

在动物和人类社会中，等级式的社会组织结构也很普遍。有朝一日，或许会出现一个在人工智能和计算机硬件上都能力超群的火星车领导者，统辖着数量庞大的火星车。艾萨克·阿西莫夫（Isaac Animov）在其科幻小说《捉兔记》中就写道，一个名叫戴夫的机器人控制着6个称为"手指"的附属机器人，进行一项采矿作业。可是，奇怪的事情发生了，戴夫竟然对其他机器人下命令，让它们在遇到意外的情况时，如果没有人类在场，就进行列队游行或者跳舞。最后，人类猜测，也许这是由于同时管理6个机器人让戴夫不堪重负所导致的。果然，在把其中一个"手指"炸毁以后，问题就解决了。正如这个故事所暗示的那样，人工智能机器人在处理与其他机器人或人类有关的各种社会难题时，将面临重大挑战。同样，要充分了解人脑和智能，考虑动物如何通过进化，找到在社会环境中遇到的这些问题的解决方法，也是至关重要的一环。

有朝一日，我们也许会见证新一代人工智能机器人的出现，它们将能够做出让自己受益的决策。现在还很难想象，它们将会表现出怎样的行为方式，也很难设想如果缺乏人或者动物那样的自我复制与修复能力，这样的机器人能否存在。要回答这些问题，我们必须分析与生命有关的基本问题。我们将智能定义为生命形式在各种复杂环境中解决它们遇到的复杂问题的能力。在下一章里，我们将详细讨论在生命的进化过程中，脑及其智能是如何出现的。

第 4 章

自我复制机器

脑及其智能是基因在进化过程中为了自身的复制而创造出的最让人惊叹的事物。

如果一只动物不幸成为另一只动物的口中之食，等待前者的往往就是死亡。然而，也并非总是如此。比如，像肠道蠕虫这样的寄生虫巴不得被宿主吃掉，因为它们需要进入宿主体内窃取养分。它们的祖先很可能并不从事寄生生活，然而却在被掠食者吃掉以后幸运地存活下来，甚至还成功地进行了繁殖，日后在长久的进化过程中，演变成了今日的寄生虫。我们也可以确定，在进化过程中，它们逐渐开发出了更有效的方法，使它们能够保护自己免受胃酸和宿主分泌的消化酶的侵害。我们不妨再想象一下，如果它们的宿主又被其他掠食者吃掉，这些寄生虫又将面临怎样的命运？它们的躯体也许又要经历一次剧变，才能在新的宿主体内更好地生存下去。但是，一旦它们经受住了这一过程的考验，可能又将迎来新的机遇——新的宿主必定在食物链中处于更高的位置，从而可能为寄生虫提供更多的营养和空间，进而促进其繁衍。

　　许多寄生虫不仅会从宿主身上窃取营养物质，还会改变宿主的脑与行为，从而使自己受益。例如，一种名为金线虫（Spinochordodes tellinii）的线形虫寄生在蚱蜢和蟋蟀等昆虫体内，当它们准备繁殖时，会驱使宿主跳入水中。宿主通常会因此淹死，但金线虫将借此离开宿主的身体，并在水中繁殖。当寄生虫需要从一种宿主转移到另一种宿主体内进行繁殖时，它们采取的策略会更为复杂。对于一些肠道蠕虫来说，这就意味着其当前宿主必须被新宿主吃掉。因此，让当前的宿主主动向掠食者"自投罗网"会对这些寄生虫有利。例如，一种叫作双盘吸虫（Leucochloridium paradoxum）的扁虫生活在蜗牛体内。当它们准备繁殖时，它们会使蜗牛对光的敏感性降低，从而导致蜗牛更容易被掠食者——通常是鸟类——发现，后者则将成为双盘吸虫的新宿主。为了使受感染的蜗牛更易于被掠食者捕获，双盘吸虫甚至会侵入蜗牛的触角，并产生彩色条纹，使其看起来就像毛毛虫一样（图4.1）。另一个例子是弓形虫（Toxoplasma gondii），它是一种胞内寄生虫，可以感染包括人类在内的多种温血动物。出于某些原因，弓形虫的繁殖过程只能在猫体内完成。因此，当它们寄生于大鼠体内时，会改变大鼠的行为，使它们更容易被猫捕获。通常来说，老鼠厌恶猫尿的气味，然而，感染弓形虫的大鼠却会被猫尿所吸引。这是因为弓形虫在大鼠消化道内繁育以后，通过血液循环侵入大鼠的脑。在大鼠脑内，弓形虫会形成囊肿，并改变一种叫作抗利尿激素（vasopressin）的化学物质的产量，以减少大鼠对猫的恐惧。

　　正如前面这些例子一样，当宿主的大脑受寄生虫控制时，宿主也许不会再按照对自身最有利的方式行事，在极端情况下甚至还会自

图 4.1 侵入到一只蜗牛左侧眼柄的双盘吸虫。图片来源：维基百科（据 GNU 自由文档许可证转载）

杀。显然，这些自我毁灭行为并不是宿主智能的体现。相反，我们应将其视为寄生虫智能的产物。因此，要对智能做出合理的评估，必须站在特定主体的角度，该主体做出具体决策，并受其结果影响。比如，具有智能的大鼠能逃脱猫的捕食，而具有智能的弓形虫则能够让它寄生的大鼠向猫靠近。同样，当阿法狗击败李世石时，将这一壮举归功于阿法狗的智能并不恰当。这一功绩显然应当属于 DeepMind 公司的科学家和程序员们。他们的任务，是开发一个能够击败人类最优秀围棋手的计算机程序，这一任务的成功完成体现了他们的智能。

智能与它的主体想要达成的目标密切相关。然而，这并不意味着具有智能的动物就可以选定任何目标。拥有智能的主体在可以选取什么目标这一问题上，至少面临两个重要限制。首先，目标应该是相对稳定的——如果每个瞬间目标都在变，这样的目标是无法实现的。一个目标越复杂、越困难，就需要在越长的时间范围内保持稳定。其次，任何由智能驱动的行为的目标都应该包含自我保护。相比之下，自我毁灭不可能是任何具有智能的主体的目标，因为任何抱有这一目标并成功实现的主体都会很快消亡。

一个具有智能的主体如何保全自己？根据热力学第二定律，随着时间流逝，所有事物都会最终进入杂乱无章的状态。只要时间足够长，摩天大厦也好，其他人造的物件也好，都会化作灰土。内部结构越复杂的机器，就越容易发生故障，停止运转。这是因为结构越复杂，关键零件的数量越多，它们之中的某一个坏掉的概率就越大。而生物体似乎与之相反，它们似乎能无限期地保持其内部的复杂结构。但是，这并没有违反热力学第二定律。生命形式之所以能够抵御时间流逝，维持稳定的状态，是因为它们可以复制自己，并实现数量增长。对于一个具有智能的主体来说，保全自己最好的策略就是尽可能多地进行自我复制。自我复制是生命的核心要素。这也意味着，智能可能是生命的一种特征，因为生命体需要运用智能来保全自己。这也解释了为何我们只有在生命体中能找到智能。在这一章里，我们会审视自我复制的机器如何产生，以及它们是如何在进化过程中变得越来越高效的。生命的历史与进化过程，包含了从 RNA 和 DNA 到细胞与脑的壮阔篇章。其中，脑及其智能或许是由基因在进化过程中为了自身的复制而创造出的最让人惊叹的事物。

自我复制机器

地球上的绝大部分生命形式都由细胞组成，细胞的外表面由两层脂类分子（称为"脂双层"）构成。这些细胞能够在合适的条件下分裂，因此能以指数形式增长。细胞以脱氧核糖核酸（deoxyribonucleic acid，DNA）的形式储存遗传物质，遗传物质在细胞分裂过程中被复制，并转移到新形成的子细胞中。虽然所有地球上的活细胞都以这样的方式增长，但我们不该把生命定义为被脂双层围绕的、内部带有 DNA 的物理系统。如果我们用这样的标准来寻找外星生物，很可能空手而归——尽管我们尚未在地球上发现不含脂双层和 DNA 的生命形式，但不代表这样的生物在其他星球上就不存在。生命的本质并不是特定的化学物质（如 DNA），而是自我复制这一过程。生命的定义，应当是能够自我复制的物理系统或机器。

自我复制的机器（图 4.2）免不了具备一些我们通常认为与生命有所关联的特征。第一，它们将表现出遗传性（heredity），这是成功的自我复制过程的题中应有之义。自我复制产生父本的一份拷贝，因而自我复制的生命形式将会产生在物理特征上与父代高度相似的子代。

生命的另一个来源于自我复制的特征是代谢（metabolism）。为了进行自我复制，一台机器必须先将所需的原材料和配件都准备好，然后再将它们装配起来。这一过程需要从环境中摄取能量。为满足这一需求，大多数植物使用来自太阳的光能，而许多其他生命形式（包括动物在内）则依靠窃取植物身上储备的化学能。除了这两种代谢策

图 4.2　一个虚拟的简单自我复制机器。图片来源：美国宇航局会议出版物（1982）

略以外，地球上也有其他一些物种另辟蹊径。例如，在深海中生活着一些被称为古细菌（archaebacteria）的微生物，它们的代谢活动依靠海床上的裂口（称为海底热泉系统，hydrothermal vents）释放出的热能和化学能。抛开这些特殊的例子，我们要记住的是，自我复制的机器必须通过某种方式从环境中获取能量。

生命的第三个特征是进化。进化源于自我复制过程中无法避免的误差。没有一个物理系统能与环境的意外波动完全绝缘。因此，自我复制的机器总有一定概率会产生随机误差。由于这些误差是随机发生的，通常来说它们会降低复制的效率和准确性，不过携带这些有害误差的版本在数量上逊于正确的版本，并且由于后者能更好地进行自我复制，有错的版本将会逐渐在种群中消失。然而，在一些罕见的情况里，有误差的版本反而比正确的版本在自我复制上具有（哪怕十分微弱的）优势。即便最开始，这样版本的机器的数量要少得多，但由于在合适的条件下自我复制的机器能以指数形式增长，最终它们依然有潜质在数量上后来居上，并且在竞争中胜过原先的版本。

即便一台实体机器能够完美地复制自己，从不出现任何误差，这样的机器最终也许还是会在竞争中输给略微逊色的机器，因为后者会偶尔产生一些错误，但其中可能会有某些误差有利于逐步提升复制速度与效率。由于繁殖出的子代数量在世代之间以指数方式增长，因某些复制误差而"因祸得福"得以提高复制效率的个体将会逐渐占据优势。比如，设想一下某种昆虫中发生了某个突变，使携带该突变的昆虫个体繁殖出的子代数量提高了20%。如果最开始无突变和有突变的昆虫数目一样多，当繁殖到第50代时，有突变的昆虫数量将是无突变的9000倍还多。现在，假如这群昆虫突然遭到了除虫剂的袭击，只剩下100个幸存者。此时，在幸存的种群中包含至少一个复制速度较慢的原始品系个体的概率大约只有1%。此外，不管对于什么生命形式，环境都很可能随着时间而发生变化，因此那些在自我复制过程中偶尔产生误差的机器，往往比零差错的自我复制机器更占优。进化其实就是一个生命不断适应环境的过程。

自我复制机器的自然史

生命最开始究竟是如何在地球上产生的，这到目前为止仍然是一个谜。然而，根据自我复制机器的基本要求，我们可以对地球上最早期的生命形式是什么样子做一些推测。比如，如果自我复制的速度和准确性在进化过程中提高了，那么在最开始自我复制一定非常缓慢，而且很容易出错。另外，最早期的生命形式在结构上肯定比今天的生物要简单得多。

要揭开生命起源的秘密，最重要的第一步，也许是在实验室环境中找出最简单的能够自我复制的化学结构。我们可以预计，这样的结构将具有以下一些性质。首先，自我复制所需的部件不要太多，而且部件组装成整体、完成自我复制的过程应该相对简单。所以，这些部件很可能大小相近，物理性质也差不太多，这样比起在组装过程中用到特点、性质不一的部件要更容易一些。其次，它们还要持久耐用，最好能在反复多次的复制过程中维持其结构的完整性。在化学的定义中，聚合物（polymer）是一个由许多较小的亚单元组成的相对稳定的大分子，因此聚合物有较好的潜质能成为具备自我复制能力的化合物。事实上，地球上的所有生命形式都使用核糖核酸（ribonucleic acid，RNA）和脱氧核糖核酸这两种聚合物作为遗传物质。由于这两种聚合物的亚单元都是核苷酸分子（图 4.3），因此它们都属于"多核苷酸"。RNA 和 DNA 之间存在一些重要的区别。接下来我们会看到，其中一部分区别使得许多生物学家推测，RNA 也许在生命起源过程中

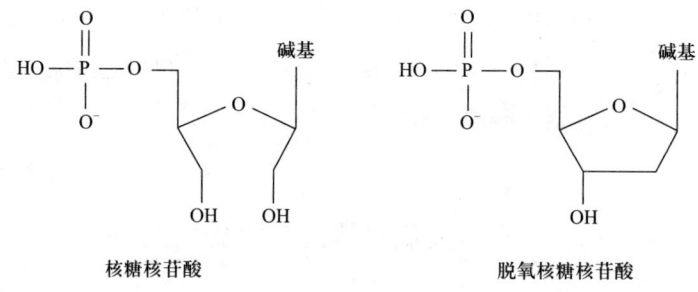

图 4.3 核糖核苷酸（左）与脱氧核糖核苷酸（右）分别是 RNA 和 DNA 的组成单元

扮演了不可或缺的角色。

组成 RNA 的化学单元称为核糖核苷酸（ribonucleotide），因此 RNA 其实就是一长串核苷酸。每个核糖核苷酸又由 3 个更小的单元构成，分别是一个核糖（ribose）、一个磷酸根（phosphate）和一个含氮碱基（nitrogenous base）。RNA 中的含氮碱基（一般简称为碱基）可以是 4 种不同类型——鸟嘌呤（guanine）、尿嘧啶（uracil）、腺嘌呤（adenine）和胞嘧啶（cytosine）——中的任意一种。含有这些碱基的核苷酸分子则分别称为鸟苷单磷酸（guanosine monophosphate）、尿苷单磷酸（uridine monophosphate）、腺苷单磷酸（adenosine monophosphate）和胞苷单磷酸（cytidine monophosphate）。因此，RNA 分子可以用一串字母写出来，其中每个字母分别代表各个核苷酸所拥有的碱基类型，使用其英文名称的首字母（G、U、A、C 分别代表前面列举的鸟苷、尿苷、腺苷和胞苷）来表示。例如，含有 5 个鸟苷的 RNA 写成 GGGGG。

RNA 中的核苷酸分子很容易与特定的核苷酸结成一对，这一性质对自我复制很有帮助。具体来说，A 和 U 会组成一对，G 和 C 也会组成一对。这就赋予了 RNA 形成自己的互补序列的能力。例如，AACUGA 可以产生互补拷贝 UUGACU，后者再经过一次配对，就能够复制出 AACUGA 来。而当这一配对过程在互补拷贝上再进行一次时，一个与原先的 RNA 分子相同的拷贝就产生了。

然而，成功的自我复制光有 RNA 这样的遗传物质还不够。自我复制所需的化学反应要能成功完成，通常还需要其他材料的帮助。假如复制过程每一步都得靠正好遇上正确的核苷酸分子才能完成，RNA 复制的速率就会变得极为低下。事实上，除了这些必须在复制后传递给下一代的遗传物质以外，地球上所有活着的生命形式都拥有复制遗传物质所需的其他一整套体系。对于大多数生命形式来说，自我复制过程包含了一系列极为复杂的受控化学反应，而各类催化剂通常起到加速这些反应的作用。催化剂具有恰当的三维结构，进而能将参与反应的各个化学成分准确排布到最合宜的空间位置上，以利于化学反应的进行。

如果遗传物质与复制所需的催化剂随机混合在许多其他化学物质之中，光靠运气的话，两者彼此相遇、成功完成复制反应的机会实在太低了。因此，第一种具有生命活性的化学物质更有可能具有双重功能——既作为遗传物质，也能催化自身的复制。能够催化自我复制过程的化学物质被称为自催化剂（auto-catalyst）。所以说，最初的生命形式也许是一种自催化剂。某些 RNA 可以成为自催化剂，因此许多科学家认为，RNA 是地球上所有生命形式的祖先。RNA 不仅能利用 4 种不同类型的核糖核苷酸像一串字母一样存储遗传信息，其三维结构还会因不同的核糖核苷酸序列而变化。一些 RNA 可以帮助自身各部件的组装。当 RNA 作为一种催化剂起作用时，它被称为核酶（ribozyme）。例如，有一种核酶叫作连接酶（ligase）（图 4.4），它可以把两个短 RNA 片段结合起来，产生更长的 RNA。事实上，不妨想象一下，如果有这样一套连接酶，它们各自可以催化特定的其他连接酶的复制，这样一个环环相扣的连接酶核酶体系，就可以实现自我复制。这也表明，生命极可能起源于一套能够自我复制的连接酶核酶体系。

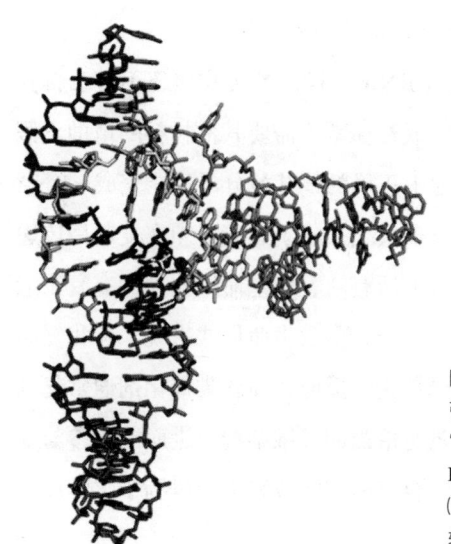

图 4.4　L1 连接酶（一种核酶）的结构。引自 Robertson MP，Scott WG（2007）"The structural basis of ribozyme-catalyzed RNA assembly." *Science 315*：1549-1553（原文图 2D），已从美国科学促进会获得转载许可

不难想象，一旦出现了多个能够自我复制的 RNA 体系，它们就会开始相互竞争，争夺复制所必需的零件，如核糖核苷酸或短 RNA 片段等。通过这种竞争，自我复制的速率可能会逐步提高。然而，对于储存信息来说，RNA 还不是一种理想的、足够稳定的介质。比如，与 DNA 中包含的脱氧核糖（deoxyribose）相比，RNA 中的核糖导致 RNA 在化学上不够稳定。因此，当 RNA 进化到某个阶段时，自我复制的核酶可能会逐渐采取一种新的策略，将其遗传信息改用 DNA 来编码和存储，这样会更加安全可靠。RNA 通常以由核糖核苷酸组成的单链形式存在，而 DNA 不但由更稳定的脱氧核糖核苷酸（deoxyribonucleotide）（图 4.3）组成，并且一般以双螺旋形式存在（彩图 4.5），这种空间结构也进一步使 DNA 分子更加稳定，不易被破坏降解。正因如此，我们现在仍然可以从已有 4 万年历史的尼安德特人遗体，甚或数十万年历史的古老细菌中读取遗传信息。

DNA 是怎样储存遗传信息的呢？就像 RNA 一样，DNA 也是由

4种不同类型的核苷酸构建的，但它们是脱氧核糖核苷酸，而非核糖核苷酸。DNA 中使用的 4 种脱氧核糖核苷酸里，有 3 种的碱基与 RNA 中的碱基相同，即腺嘌呤、胞嘧啶和鸟嘌呤。然而，DNA 使用的第 4 种碱基，是胸腺嘧啶（thymine），而不是尿嘧啶。因此，构成 DNA 的 4 种脱氧核糖核苷酸分别是脱氧腺苷、脱氧胞苷、脱氧鸟苷和脱氧胸苷。与 RNA 类似，这 4 种核苷酸一般用 A、C、G 和 T 四个字母表示。RNA 在三维空间上呈现多种多样的形态，而 DNA 通常都以双螺旋的形式存在。在双螺旋内，两条 DNA 链的核苷酸倾向于在 A 和 T 之间、C 和 G 之间相互形成两个互补的氢键。这些氢键进一步使得 DNA 的结构更加稳定。更重要的是，DNA 的结构提供了一种非常便利的复制方式（图 4.6）——在自我复制过程中，DNA 双螺旋像拉链一样打开，然后每条 DNA 链吸引新的核苷酸分子，这些核苷酸与原始 DNA 中的旧核苷酸互补。当新的核苷酸依靠化学键连在一起，并与原始 DNA 分离时，自我复制就完成了。

DNA 成为遗传信息的存储介质之前的历史时期称为"RNA 世界"（RNA world）（图 4.7），而我们如今生活在"DNA 世界"（DNA world）中——DNA 是主要的遗传物质，RNA 在遗传物质的复制中起辅助作用。当前地球上所有生命形式都使用 DNA 来储存遗传信息。然而，有些病毒依然把 RNA 用作遗传物质。这些所谓的"RNA 病毒"是许多疾病的元凶，其中包括埃博拉病毒、丙型肝炎、脊髓灰质炎、麻疹，甚至普通感冒。

多才多艺的蛋白质

正如我们将在下面讨论的那样，RNA 依然在所有生命形式中起到重要的催化作用。然而，在各种生命形式的细胞内，控制大

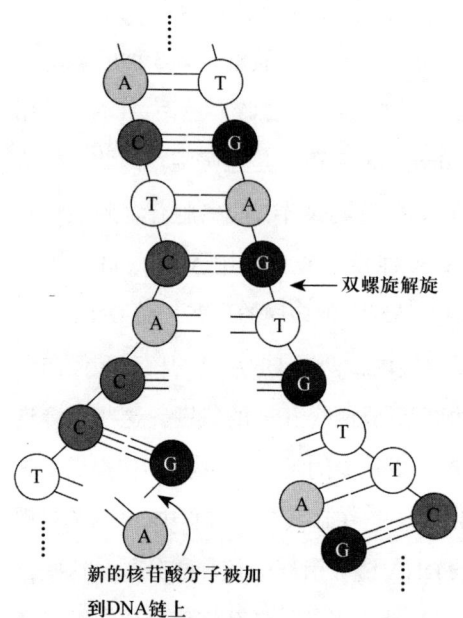

图 4.6 DNA 的复制过程

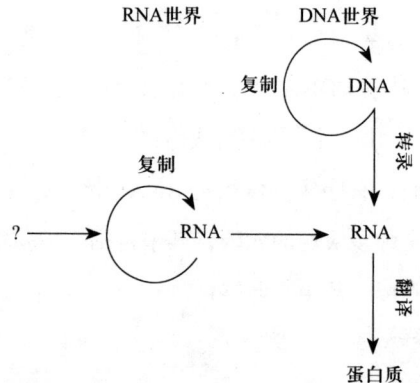

图 4.7 在 RNA 世界和 DNA 世界中的复制过程。在 RNA 世界中，RNA 以自我催化剂的方式工作；在 DNA 世界中，遗传信息储存在 DNA 分子中，而蛋白质行使催化剂的功能

多数化学反应的催化剂却是蛋白质（protein）。与 RNA 和 DNA 一样，蛋白质也是聚合物，但它们由氨基酸（amino acid）组成。有些蛋白质是动物身体的重要结构成分。例如，我们头发中的角蛋白（keratin）和皮肤中的胶原蛋白（collagen）等结构性蛋白质并没有催化功能。因此，并非所有蛋白质都是催化剂，但有许多都是。起催化剂作用的蛋白质称为酶（enzyme）。正如 RNA 的结构可以随其核苷酸序列而变化，蛋白质的形状和功能也由其氨基酸序列决定。RNA 和 DNA 仅使用 4 种不同类型的核苷酸，而蛋白质可由 20 种不同的氨基酸构成。因此，相比之下，产生具有复杂形式或功能的蛋白质要容易得多。

蛋白质作为酶在细胞中承担了难以计数的工作。它们负责复制 DNA，生产各种细胞功能所必需的化学燃料，还从细胞中清除化学废物。这些品类、功能繁多的蛋白质是怎样创造出来的？有趣的是，在蛋白质合成中起到核心作用的，恰恰是 RNA。这也同样促使许多科学家推测，在蛋白质成为 RNA 乃至 DNA 复制的催化剂之前，也许正是 RNA 和核酶承担了这一重任。

DNA 并不能直接用于生产蛋白质，而要借助一种 RNA 的帮助，它称为信使 RNA（messenger RNA，mRNA）。mRNA 由 RNA 聚合酶（RNA polymerase）产生。根据模板 DNA 的碱基序列，RNA 聚合酶将不同的核糖核苷酸组装成 mRNA，这一过程称为转录（transcription）。一旦合成完毕，mRNA 就会离开细胞核，并与核糖体（ribosome）对接，根据 mRNA 分子上携带的信息进行蛋白质合成，因此核糖体也被比喻成细胞内的化工厂。根据 mRNA 合成蛋白质的过程称为翻译（translation）（图 4.8）。

将 RNA 中的核苷酸序列翻译成蛋白质，存在一个显著的难题：蛋白质中使用到的不同氨基酸的种类远远大于不同核苷酸的种类。

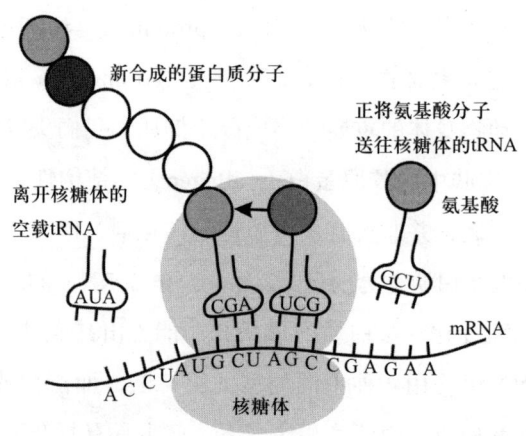

图 4.8 核糖体中的蛋白质合成过程

RNA 中只有 4 种不同的核苷酸，而蛋白质可以用到 20 种不同的氨基酸。因此，把核苷酸和氨基酸一一对应起来并不够用。引人深思的是，所有生命形式对这个问题的解决方案都是相同的。这一事实，是它们都来自同一个祖先的强有力证据。这一在各物种中通用的解决方案，便是把蛋白质中的每种氨基酸都用 3 个核苷酸的序列来表示。指定单个氨基酸的三核苷酸序列称为密码子（codon）。由于 3 个核苷酸的不同序列一共有 64 种可能，也就是说，共有 64 种不同的密码子，因此大多数氨基酸可以由不止一个密码子编码。例如，氨基酸之一谷氨酰胺就由 CAA 和 CAG 这两个密码子编码。

翻译过程中最重要的任务，是找到对应于 mRNA 中每个密码子的氨基酸，并将其添加到正在合成的蛋白质上。有趣的是，这一重要步骤也是由一种 RNA 分子负责的，它称为转移 RNA（transfer RNA，tRNA）。tRNA 包含两个主要部分，一个称为反密码子（anti-codon），它用来结合 mRNA 中的密码子，另一个部分则用于结合氨基酸。tRNA 的作用就像是为蛋白质生产过程服务的搬运工：它在核糖体卸下先前结合的氨基酸后，就从核糖体中脱离出来，在氨酰 tRNA 转移酶的帮助下，找到另一个与其反密码子相匹配的氨基酸分子，然后将后者再次搬运到核糖体。

翻译总是从"起始密码子"（start codon）开始，起始密码子在所有动物和植物中编码的都是甲硫氨酸。此外还有三种"无义密码子"（non-sense codon）——UAA、UGA 和 UAG——它们没有相应的氨基酸。这些无义密码子的功能是终止翻译过程，并将合成完毕的蛋白质从核糖体中释放出来。因此，无义密码子也称为终止密码子（stop codon）。基因（gene）是 DNA 中编码蛋白质的区域，因此它也对应于起始密码子和终止密码子之间的片段。某个生命形式拥有的全部遗传信息的总和称为基因组（genome）。

在地球上，生命很可能起源于某种 RNA 体系。能够自我复制的 RNA 体系必须通过分工，进化为更复杂的生命形式。在这种情况下，RNA 将其部分职责委托给 DNA 和蛋白质，使它们分别成为存储遗传信息和催化化学反应的媒介。在进化过程中，自我复制的效率不断提高。这通常通过精细分工与功能的专门化来实现，从 RNA 世界到 DNA 世界的转变就是一个很好的例子。另一个例子则是多细胞生物的出现。

在蛋白质和遗传物质以外，地球上所有的生命形式还包括另一个重要组成部分，即围绕细胞的膜。所有生命形式都由细胞构成，而细胞膜构成了生命形式在空间上的边界。如果没有细胞膜，DNA 复制所需的所有化学物质（如 RNA 和蛋白质）都会被环境中的其他化学物质稀释，从而大大降低自我复制的效率。因此，细胞和细胞膜的出现同样也是生命进化过程中的一个重大事件。在所有生命形式中，自我复制的突出标志是细胞分裂，它发生于母细胞内 DNA 和其他化学成分复制完成之后。

多细胞生物

在生命的进化过程中，另一个重大突破是多细胞生物的出现（图 4.9）。尽管细胞膜可以起到保护作用，并有利于保证自我复制的效率，然而它也给细胞的大小引入了一个上限。这是因为，必须通过细胞膜从内向外或者从外向内转运的物质的量与细胞的体积成正比。然而，由于细胞的表面积与体积的比例随着细胞的增大而减小，细胞代谢活动的效率也会随之降低。细胞大小上的限制进一步造成了结构和功能上的制约，尤其对于单细胞生物，这使得它们无法充分发展解决复杂问题的能力。相反，多细胞生物可以通过分化过程，产生专门负责各种功能的多种细胞。为了建立一个像脑这样高度复杂的控制中心，有些细胞需要专门负责与体内其他细胞的通信。因此，多细胞生物的产生是更高智能水平的先决条件之一。

在进化过程中，从本质上讲，从 RNA 世界到 DNA 世界的转变

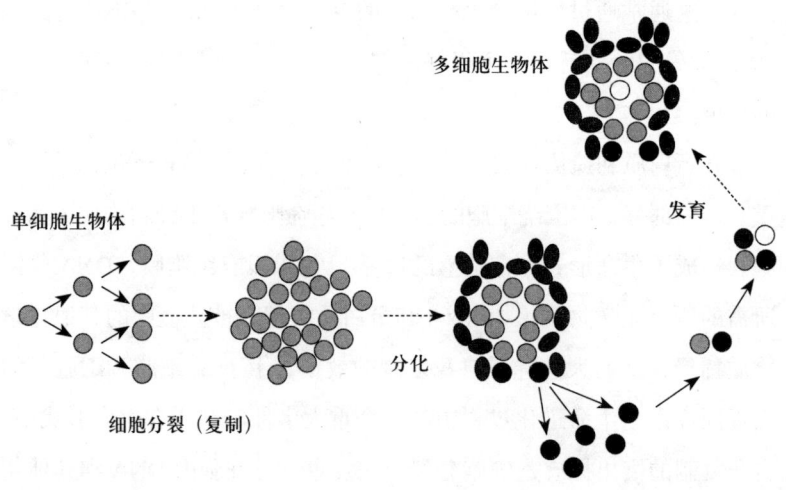

图 4.9　单细胞和多细胞生物体的自我复制过程

也是功能分化的一个例子。在 RNA 世界中，生命的所有功能都是由 RNA 完成的。随着 RNA、DNA 和蛋白质三者的分工以及功能上的专门化（specialization），RNA 世界逐渐落幕，并开启了 DNA 世界的新时代。同样的道理，分工和专门化使多细胞生物得以存在。多细胞生物之所以具有专门负责各种功能（如免疫应答和血液循环）的不同器官，正是因为它能生成不同类型、具有特殊功能的细胞（如免疫细胞和血细胞）。在有性繁殖的多细胞生物中，生物体的所有细胞都来自单个细胞，即受精卵。多细胞生物中的细胞可以分为两类——生殖细胞（germ cell）和体细胞（somatic cell）。生殖细胞保持产生精子和卵子的能力，因此可以参与产生新的生命个体。相比之下，体细胞则随着所在的生物个体一起死亡。大多数动物（包括人类）体内的绝大多数细胞都属于体细胞，脑也完全由体细胞组成，因此当一个人死去时，他/她的所有记忆都会随之消逝。正如理查德·道金斯（Richard Dawkins）指出的那样，体细胞的功能是守护和支持那些包含遗传物质的生殖细胞继续繁衍复制下去，因此可以看作是生殖细胞在有机会独立发育之前的临时维生机器。

多细胞生物的细胞都由同一个受精卵分裂而来，它们为何拥有不同的功能？这是因为，各个细胞可以根据其需要具备的功能来生产不同的蛋白质。为了实现均衡的代谢活动，由各个基因编码的蛋白质应该各自生产多少，需要精确的控制。这项重要任务也是通过 DNA 和蛋白质之间的协作来完成的。DNA 中的遗传信息包括两种不同的内容：一、编码区（coding regions），包含了各种蛋白质的氨基酸序列信息；二、调控元件（regulatory elements），用于控制编码区的转录水平。因此，DNA 中的核苷酸并不都用来编码氨基酸序列。没有存储任何蛋白质中氨基酸信息的那部分 DNA，称为非编码 DNA（non-coding DNA）。非编码 DNA 曾被称为"垃圾 DNA"，因为当时人们以为它们根本没有任何功能。现在我们已经知道，有相当一部分非编码 DNA 在控制细胞中不同蛋白质的产量上具有重要作用。

有一类蛋白质称为转录因子（transcription factor），它们可以与编码其他蛋白质的 DNA 片段的调控元件相结合。不同的转录因子与某个蛋白质的基因的调控元件相结合，便可调节该蛋白质的生产速度。随着受精卵经历多轮细胞分裂，产生的子细胞进一步分化成为千差万别的细胞。在此过程中，各细胞所需生产的不同蛋白质的量因其结构和功能而各有差异，种类繁多的转录因子保证了对各种蛋白质产量的精确调控。如果转录因子负责在动物体内各部位促进不同器官的发育，那么这些转录因子在整个身体中的浓度变化应该遵循一定的规律。例如，在发育过程中，转录因子 Bicoid 只在动物体内的一部分中有较高的浓度，该部分将成为动物的头部。与此相似，Hox 转录因子只在身体的某些区段（如头部和四肢）中产生，确保不同身体部位在头-尾轴上的正确位置进行发育。因此，根据各种转录因子传递的信号，不同的细胞可以获得专门的功能。

脑的进化

有了前面的背景知识，现在我们可以讨论脑的进化了。随着多细胞生物体的出现，许多不同类型的细胞随之诞生，其中肌肉细胞在智能的进化中具有特殊的地位，因为它们的出现使动物得以快速改变所在位置。然而，为了充分利用肌肉细胞的能力，动物必须根据环境状况及自身内部状态对它们实行精确控制。这就需要一组特殊的细胞，来将信息从动物身体的一部分传递到另一部分。这正是神经系统及其神经元的功能。通过本书前面的章节，我们已经看到，从线虫到水母、蟑螂，再到哺乳动物，神经系统的形态和复杂程度差异很大。不幸的是，神经系统的化石极为罕见，这使得对其进化过程的研究非常困难。然而，通过如今的动物界中不同物种神经系统的区别，我们可以在一定程度上推测神经系统的进化过程。最近，根据对 DNA 序列的分析，我们还能估算出，动物界的各个物种是在何时从其共同祖先中分化出来的。

地球上最早的动物长什么样子？据估计，动物大约在 6 亿年前在地球上首次出现。如果它们有神经系统的话，其结构是怎样的？许多古生物学家推测，最早的动物可能近似于海绵和其他多孔动物门（Porifera）的动物（图 4.10）。与大多数动物不同，海绵并没有肌肉细胞或神经元，而且生命中大部分时间都附着于岩石或其他表面。尽管其生活方式近乎静止，海绵并不是一种植物。与植物细胞不同，海

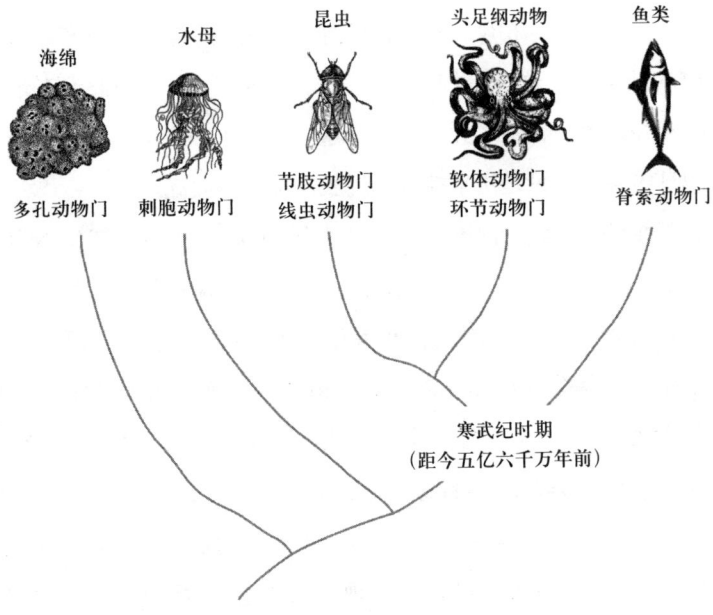

图 4.10　动物的进化树

第 4 章　自我复制机器

绵细胞没有细胞壁，而且它必须从其他生物（如细菌）身上获取所需的营养。虽然海绵没有任何肌肉细胞，但它们的身体被一组扁平细胞（pinacocyte）覆盖。这些细胞能够收缩，因此海绵能以相对缓慢的速度运动。最早的动物可能与海绵相似，缺乏肌肉细胞和神经元。当然，不是每个人都同意这种观点，一些科学家认为另一类叫栉水母（Ctenophora）的动物，可能是最早的动物。

　　由于动物都不能进行光合作用，因此它们必须从其他生物身上窃取所需的能量和营养。因而，肌肉和神经元在动物身上大有用场。虽然以今天的标准来看，原始的肌肉和神经元的功能尚显稚嫩，但一旦某些动物配备了它们，在捕猎能力上比起其他不能活动的动物将具有压倒性的优势。在现存的动物中，最简单的神经系统可以在刺胞动物（Cnidaria）（如水母）身上找到，而有些科学家则认为栉水母的祖先发育出神经系统的时间也许更早。水母和栉水母的神经系统并没有像脑这样的中枢结构。相反，在它们的神经系统中，神经元分布在一个更分散的结构中，这种结构称为神经网（nerve net）。因此，在最早出现的神经系统中，神经元可能也像这样，缺少一个中枢，并且分布于动物身体各处，只是用来控制邻近肌肉细胞的收缩。

　　从距今约5.4亿年前开始，持续大约5600万年的时期，称为寒武纪（Cambrian）。一般认为，在寒武纪早期，现有的所有种类动物的原型都已经出现了。因此，寒武纪的前2000万年左右通常称为寒武纪生命大爆发（Cambrian Explosion）。动物界属下的所有物种大约分为35个大类，在分类学上称为门（phylum）。例如，所有脊椎动物，包括人类在内，都属于脊索动物门（Chordata）。节肢动物门（Arthropoda）包括昆虫、虾蟹等，而软体动物门（Mollusca）包括鱿鱼、章鱼等。所有这些门都出现在寒武纪。然而，有证据表明，在寒武纪时期之前，某种形式的多细胞动物可能已经存在了。因此，寒武纪生命大爆发是否真的是一场新生物种的大爆发，仍然存在一定争议。

既然早在5亿多年前，节肢动物、软体动物和脊椎动物这样不同的动物就已存在，并且从那时起，各自走上了独立进化的道路，那么它们的神经系统在结构上存在巨大差异也就并不奇怪了。例如，在所有脊索动物中，神经元集中在一个管状结构中，处于动物身体的上侧。这一管状结构，称为背神经管（dorsal neural tube），被普遍认为是脊椎动物神经系统的原型。在脊椎动物的进化过程中，口腔、多个感觉器官还有与这些结构相关的神经元逐渐集中到身体前方，最终形成头部。该过程称为头部化（cephalization）。

在脊椎动物中，视觉、听觉和嗅觉信息都是通过位于头部的感觉器官采集的。因此，把所有参与分析和存储感觉信息的神经元放置在感觉器官附近是更有效率的做法。将所有这些神经元放在一起还有另一个优点，就是便于整合来自多个感觉器官的信息，以便监测动物环境中的重要变化，并使用该信息做出重要决策。这就是脑在进化过程中出现的缘由。因此，脊椎动物的脑有点像一个中央集权政府。在所有脊椎动物（包括鱼类、两栖动物、爬行动物、鸟类和哺乳动物）中，脑和脊髓构成中枢神经系统。几乎所有与动物行为有关的复杂决策都发生在脑的内部，而脊髓更多负责的是在脑和身体其他部位之间传递各种感觉和运动信号。

然而，并非所有动物的神经系统的组织方式都像脊椎动物那样。比如，许多节肢动物和软体动物的神经系统由多个神经元团组成，它们称为神经节（ganglion），它们之间由神经索或神经纤维相互连接。即便没有脑，神经节中的神经元仍然可以根据它们在动物体内所处的位置，做出必要的决策。因此，形象地说，无脊椎动物的神经系统像一个地方分权政府。

人脑的能力是惊人的。而且，许多通常被认为聪明、具有高度智能的动物（如狗和猴）都是脊椎动物。因此，我们很容易以为，脊椎动物的脑比无脊椎动物更先进，进而它们也比无脊椎动物更聪明。但是，这种想法其实没有逻辑依据。作为一个反例，我们不妨看看章鱼——它毫无疑问是无脊椎动物界中最聪明的成员之一。首先，章鱼的眼睛类似于一台照相机，因为它有瞳孔（光圈）、晶状体（镜头）和视网膜（感光元件）。这种照相机式的眼睛的进化途径与脊椎动物眼的进化是相互独立的。因此，尽管两者在解剖学上存在相似性，但是章鱼和脊椎动物的眼睛其实是趋同进化（convergent evolution）的一个例子。依靠这样精密的眼睛，章鱼能够分析环境中不同物体的细节。据报道，在实验室环境中，章鱼有时会选择性地向某些人喷水，这表明它们可以区分不同的人，甚至可能对其中一些有所偏爱。众所周知，章鱼可以操纵复杂的物体，例如可以学习打开瓶子，还是技艺出众的逃脱大师。这一切很可能都由于其神经系统拥有大量神经元——据估计，章鱼的神经系统含有约5亿个神经元，比许多脊椎动物（如鸽子或大鼠）的神经元数量都要多。因此，一概而论地认为，所有无脊椎动物都不如脊椎动物聪明，其实是一种偏见。然而，我们对章鱼和其他无脊椎动物的神经系统仍然知之甚少，因此对它们智能本质的了解也很有限。

进化与发育

受精卵要完全发育，并形成像脑这样复杂的结构，意味着许多步骤需要在正确的时间、正确的位置顺利完成——机体需要生产大量神经元，然后将它们准确地迁移到机体内的最终目的地，并且在不同神经元的轴突和树突之间建立许多突触。所有这些过程都依靠蛋白质，因此，每个神经元在迁移途中，都必须适时启动脑发育各个阶段所需的不同蛋白质的生产过程，还要在生产过程完成后适时将其关闭。毫不奇怪，就像所有其他细胞分化过程一样，脑的发育需要大量转录因子的参与。

为了认识转录因子在脑发育过程中的重要作用，我们不妨研究一下皮质脊髓束（corticospinal tract）的发育。皮质脊髓束是一束神经纤维，由大脑皮层神经元的轴突组成，这些轴突一直从脑伸展到脊髓中的运动神经元处。这些神经纤维在对手和手指运动的精细控制中起到非常重要的作用。皮质脊髓束的损伤会导致病人无法再对受影响身体部位的运动进行精确控制。研究显示，皮质脊髓束的发育由一个称为Fezf2的转录因子引发。假如从发育中的动物中除去该转录因子，那么该动物个体长大后将会缺失皮质脊髓束。

转录因子和它们的基因几乎参与了脑发育的所有阶段。然而，决定脑的结构和功能的不仅仅是基因。成年动物脑中不同神经元的连接方式并不完全由基因控制，而是反映了动物个体在发育过程中的完整经历。别忘了，动物之所以需要脑，是由于基因无法实时控制动物的行为。这就好像火星车要靠人工智能来控制其运动一样——因为人类从地球上进行遥控实在太慢了。虽然构建脑所需的大部分信息都来自基因，但是脑必须能够根据它当前对环境的认识来选择行为，而基因无法了解环境的实时变化。为了找出怎样的行动会产生最合意的结果，动物通常需要分析来自感觉器官的、关于外部环境当前状态的信息，并将这些信息与对过往经历的记忆结合起来。换句话说，脑必须是一台基于经验去习得最佳行动的机器。如果基因完全决定了脑的功能，那么该动物通常会产生刻板的行为，完全对环境中也许会出现的不可预测的重大变化置之不理。这样对外界不闻不问的脑对基因来说没有用处。因此，正如本书后续部分将会详细研究的那样，智能的本质在于学习,这种学习在脑的整个生命过程中都在持续进行。

　　脑的功能可以被经验修改,这一事实意味着基因不能完全控制大脑。然而,这并不等于脑完全不受基因的控制。如果脑选择的行为妨碍了基因的自我复制,那么这样的脑会立即在进化中被清除掉。因此,脑与基因的相互作用是双向的。一方面,它是多细胞生物中的一个辅助组织,主要用来提高基因复制的效率。另一方面,它也是一个不用依靠基因的直接指令、能够自主决策的"代理人"。从生物学角度来说,一个生物体的所有者或"委托人"仍然是其基因,而非脑。脑是负责该生物体安全和繁殖的代理人。接下来,让我们来仔细审视,在脑和基因这对代理人和委托人双方签订的"合同"上,究竟有哪些内容。

第 5 章

脑与基因

一个生物体的所有者或"委托人"是基因,脑是负责其安全和繁殖的"代理人"。

生命体究竟为何需要一个像脑那样复杂的器官?脑又是如何进化的?本章将着重讨论这两个问题。在寻求这些问题的答案时,我们将再一次注意到,多样化和复杂化是生命用于提高自我复制效率的两种重要方式。通过进化,生命变得更为多样,与此同时,各种生命形式的结构和功能往往也变得更加复杂。同样的规律也体现在脑的进化过程中。

随着时间的推移,生命愈加多样,这是因为进化归根结底是由环境的多样性所驱动的。对最原始的生命形式来说,它们可能仅仅在营养物质充足的情况下才能复制自身,而这样的条件是非常罕有的。然而,到了后来,新的生命形式逐渐产生,它们即便面对环境中的不利变化，仍然可以继续进行自我复制。这将推动后续生命形式继续朝着多个方向进化，从而进一步增加生命的多样性。

进化也增加了生命的复杂性，脑的进化正是最好的例子。正如我们在上一章里讨论过的，通过进化，动物的神经系统变得越来越精密，最终进化出了脑。需要指出的是，生命形式的结构在进化过程中并不必然会变得更复杂。只有当一个更复杂的结构能帮助该种生命形式在其生活环境中更有效地自我复制时，它的出现才是合理的。当某个复杂结构在特定环境里不再有用，甚至有碍动物的生存繁衍时，进化过程也可以使动物的身体结构变得小而精简。比如，包括缨小蜂（又称仙女蜂）（图 5.1）在内的一些昆虫，其大小与单细胞生物（如变形虫或草履虫）没什么区别。因此，我们应该将复杂性的增加视为多样性增加的一种副产品。换句话说，通过进化，生命会变得更加多样，从而一部分生命形式最终会变得更加复杂。

人类和其他哺乳动物的脑，淋漓尽致地体现了进化所能产生的极致复杂性。就像前几章讲过的，生命中的复杂结构正是在分工与授权

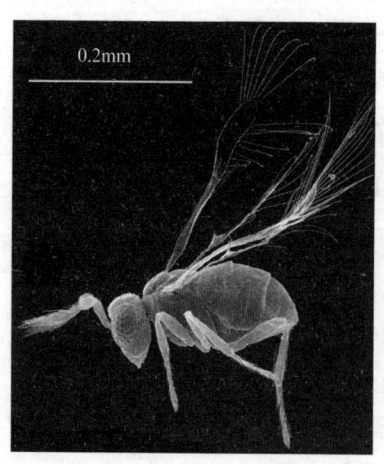

图 5.1 仙女蜂（Megaphragma mymaripenne）是一种黄蜂，它是现存第三小的昆虫，其脑中只有约 4600 个神经元。引自 Polilov AA (2012) "The smallest insects evolve anucleate neurons." *Arthropod Struct. Dev. 41*：27-32（原文图 1A）。版权由 Elsevier 所有（2012），经许可转载

过程中应运而生的。事实上，人与人之间普遍存在分工与专业化，而成功地把工作分派给他人，正是人类社会合作行为的特征。在经济学中，如何成功地完成分工和授权是委托 - 代理理论（principal-agent theory）的主题。由于分工不仅可以发生在不同的人之间，也可以发生在生命形式的不同元素之间，委托 - 代理理论在生物学问题上也大有用场，能帮助我们更好地理解基因与脑之间的关系。本章将探讨分工和授权如何推动了生物的进化过程。

分工与授权

分工与授权发生于进化过程的几个关键阶段，并从根本上促进了生命与智能的日益复杂化。下面我们来一起讨论几个最为重要的例子。

（1）从 RNA 世界到 DNA 世界

我们在上一章中提到，最早的生命形式在最初开始自我复制时使用的可能是 RNA，而非 DNA 和蛋白质。在地球生命史的长河里，RNA 世界向 DNA 世界的过渡也许是首次举足轻重的分工授权事件。在 RNA 世界里，RNA 负责整个自我复制过程。相比之下，在 DNA 世界中，DNA 是储存遗传物质的主要媒介，而蛋白质负责控制细胞内的化学反应。RNA 将这两种功能交给 DNA 和蛋白质后，便不再需要在自我复制过程中事必躬亲了。

分工并不意味着 RNA 就此退出生命史的舞台。这一点很重要。所有细胞要根据存储在 DNA 中的遗传信息合成各种蛋白质，这一过程都必须有 RNA 的参与。mRNA 是 DNA 中遗传信息的副本，负责将其传递到细胞核外的核糖体。在那里，tRNA 负责运送蛋白质合成所必需的氨基酸。

（2）从单细胞生物到多细胞生物

多细胞生物的出现是另一个可以归类为分工和授权的重要事件。对于每个生命体来说，体内每个细胞都应具备完成自我复制的能力。对于单细胞生物，细胞分裂就相当于繁殖，并且由此产生的子细胞与亲代细胞没有区别。相比之下，多细胞生物体内的细胞分化出不同形态，并且专门负责不同的功能，例如运动、血液循环、消化和繁殖等。

伴随着多细胞生物的产生，最神奇的结果也许是生殖细胞和体细胞之间的分工。在许多多细胞生物中，生殖细胞专门从事繁殖，而体细胞则执行所有其他功能。只有生殖细胞才能产生新的生殖细胞和体细胞，从而复制出完整的生物体。因此，在这个意义上，生殖细胞是永生的。相反，体细胞通常不再具有产生生殖细胞的能力，因此不能重建整个生物体。也就是说，体细胞将自我复制的责任委托给生殖细胞，而生殖细胞将生殖以外的所有其他功能委托给体细胞。

（3）脑的进化（*彩图 5.2*）

在多细胞生物体中，体细胞拥有执行不同功能的专长，并能因应相关功能做出许多必要的决策。对动物来说，最重要的决策是由肌肉和控制这些肌肉的神经系统做出的。肌肉细胞可以快速收缩或扩张，因此可以用于快速改变动物的身体形状，或者让整个动物移动到新的位置。因此，整个动物的安全存续通常依赖于由神经系统做出、由肌肉执行的决策。如果不幸脑做出了自杀的决定，个体内的所有细胞——包括生殖细胞和体细胞——都将无法逃脱死亡的厄运。

脑要作为控制中枢正常运作，就必须对所有细胞拥有这样的权威。有了这种权力，拥有脑的动物可以迅速选择适合其生存和繁殖的行动。这些决策是基于所有可用信息的基础上审慎做出的。用于决策的信息通常由所在环境的声音和光来传递。感觉神经元接收到这些信息后，将它们快速输送到动物身体的适当位置，以利于信息的合理利用。因此，如果没有能够长距离快速传递信息的神经元，繁复多样、令人称奇的动物行为就会大为逊色了。比如，掠食者和猎物之间的高速竞跑将不复存在。同样，如果没有复杂的神经系统，人类也无从演奏优美的音乐，或解决复杂的数学难题。然而，所有神经元都是体细胞。因此，每个人独有的记忆和知识都将随着个人的生命结束而泯灭。死亡总有一天会到来，我们所有人对此都心知肚明，但还是难免对此感到失落。然而，这是不可避免的。我们的思想是脑的功能，它完全由体细胞构成。体细胞只不过是用来帮助生殖细胞繁殖的维生机器而已。

(4) 社会合作

分工与授权不仅发生在单一生物体内，也是多种生物之间合作和共生关系的基础。例如，开花植物和昆虫具有共生关系——植物为昆虫提供营养，而昆虫为植物广泛地传播花粉，促进植物的授粉过程。这被称为互利式共生（mutualistic symbiosis），因为双方都从这种关系中受益。农业是另一个例子。通过养殖各种驯化的动植物，人类既协助了家畜和农作物的繁殖，也让自身获得可靠的食物来源。例如，正是归功于人类，鸡成了一种相当成功的物种，目前全世界活鸡的数量已经达到200亿只。也许，地球上最复杂的劳动分工和授权正存在于人类之间。在地球上的77亿人中，很少有人可以自己生产他们所需的一切。特别是随着货币的发明，分工变得更加有效，并且市场经济的运作机制向社会提供了不同货物生产、消费量的准确信号。这个过程已经变得如此高效，以至于现在我们日常生活中消费的几乎所有东西都是由我们从未遇见的人生产出来的。

生命如此普遍地采用分工,其原因很简单。正如亚当·斯密(Adam Smith)在他著名的别针工厂的例子中强有力地表明的,分工能提高完成任务的效率。但是,这也带来了一种风险。通过分工来完成复杂任务,需要参与者之间以恰当方式进行合作。如果不是每个人都能按职责做到起码达标,整体的任务不可能完成。这就意味着,所有参与者都必须得到适当的奖励,不然他们就没有动力参与合作。

这种风险存在于所有类型的分工,也包括单个细胞内的分工。我们不妨思考一下DNA和蛋白质之间的关系。在DNA复制中起关键作用的蛋白质是DNA聚合酶,它负责使用脱氧核糖核苷酸合成DNA分子。因此,这种酶也负责复制编码它自己的那个基因。如果某个细胞中该基因的序列由于DNA聚合酶的失误而改变,并导致今后此基因编码的DNA聚合酶工作效率变低,那么该细胞产生的所有子代细胞的整个自我复制过程都将受到损害。与此相似,多细胞生物中,不同类型细胞之间的分工也容易受到多种潜在风险的影响,例如以不受控制的方式分裂的癌细胞,会榨取生物体中其他细胞产生的资源。只有当参与合作的各方能公平分享成果,分工才能持久。如果某些个人或团体以他人的利益为代价,获得不成比例的收益,这被称为寄生式共生(parasitic symbiosis),会迫使宿主排出这些寄生虫。当然,人类社会中的合作有时也会失败,例如某些制造商故意出售有缺陷的产品,或者某些人占他人的便宜,从依靠税收支持的公共品(如公园和博物馆)中攫取个人利益。人类社会中的合作也可能因谎言和欺诈而失败。因此,必须依靠一些机制来确保参与合作项目的个人都能可靠地履行职责。各种形式的社会规范和法律制度都是为此目的服务的。

委托－代理关系

当存在分工时，一个人可以将某些责任委托给另一个人。将其责任转移给另一方的人称为委托人（principal），而接受新责任的人则称为代理人（agent）。当委托人将责任委托给代理人时，代理人需要得到适当的激励。否则，代理人会无视委托人的要求，转而追求自私的目标，这样合作就会失败。在经济学中，委托－代理理论主要研究如何找到对代理人的最优激励，以便为委托人带来最好的结果。在这一框架底下，提出合同的是委托人。代理人无权修改合同，它只能要么接受该合同，要么拒绝。委托－代理理论的意义在于，它能帮我们厘清利益不同的委托人和代理人之间的合同的本质。

从20世纪70年代开始，委托－代理理论得到了深入研究。最初，人们将该理论应用于公司雇主与雇员、房东与租户、保险公司与其客户之间的关系所产生的各种经济问题上。这些例子的共同之处在于，与委托人相比，代理人对他们自己的行为及其潜在结果的了解要全面得多。换句话说，信息不对称就是委托－代理理论关注的问题的本质。因而，在一个生物学上的分工问题中，当信息不均等时，委托－代理理论同样适用。与之相似，随着人工智能在人类社会中的应用日益广泛，委托－代理理论也能用来分析人类和人工智能之间的关系。然而，这一从经济学中发展起来的理论框架，究竟能在生物学和人工智能研究的问题上发挥多大作用，以及能帮助我们获取多少新知，仍然有待观察。现在，我们不妨来研究一下委托－代理理论的基本假设——如果这些假设适用于两个生物实体之间的关系，那么委托－代理理论就能帮助我们理解这些实体的行为方式，以及它们之间的潜在利益冲突如何解决。例如，如果动物的基因与其大脑满足委托-代理理论的假设,那么我们就有可能借助委托-代理理论,更好地理解它们之间的关系(图5.3)。委托-代理理论的假设包括以下五项:

(1)代理人的行为必须影响委托人的收益。这一假设在委托-代理理论中非常关键,不然的话委托人根本用不着在乎代理人的行为。例如,雇主之所以要关注其员工的工作,是因为它会影响雇主的收入。与此类似,在细胞内部,许多化学物质会影响其他化学物质的合成速度。例如,DNA和蛋白质的活动会影响同一细胞中RNA的复制成功率。因此,如果我们将RNA复制的速率看作RNA的收益,那么委托-代理理论也许就能用来描述RNA与细胞内其他成分(如DNA和蛋白质)之间的关系。换一个角度,如果我们将DNA的收益定义为DNA复制的速率,那么基因(DNA)就是委托人,而脑是代理人,因为脑做出的决定以及在它指挥下肌肉细胞的后续行动能够对基因的存续产生显著影响。

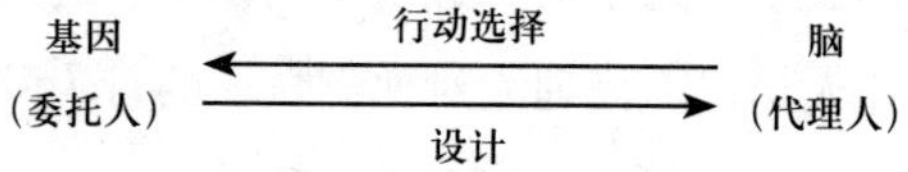

```
基因          行动选择         脑
(委托人) ←——————————→ (代理人)
              设计
```

图 5.3　脑可以视为指定用来为其基因选择各种行动的代理人

(2)代理人应该拥有委托人并不具备的信息。在委托-代理理论中,委托人观察不到代理人的所有行为,只能看到代理人行为所产生的最终结果。如果委托人和代理人之间所有信息都是公开的,那么委托-代理问题就没什么不好解决的了,因为在这种情况下,委托人只需在代理人做了对委托人合意的行为时对其进行奖励就可以了。如果雇主总是对雇员完成了多少工作有完整而准确的了解,那么雇主就可以直接根据后者完成的工作量向其支付报酬,从而使得自己的利润最大化。然而,当存在分工时,人们通常不可能持续不断地观察其他人的行为。因此，委托－代理理论的目标就是在信息不对称的条件下，找到委托人和代理人之间最合适的契约和妥协方案。

如果代理人的工作恰恰是收集和利用所有信息，那么这就把委托人和代理人之间信息不对称的问题推到了极端。脑其实正是如此。脑负责接收几乎所有来自环境的重要信息，并根据这些信息决定采取哪些行动。这样的信息量对于生殖细胞或基因来说，完全是无法应对的。在这种信息不对称的情况下，大脑选择的行为可能就不一定总是以最佳方式为基因复制服务。在政治领域也存在类似的挑战——政府中的情报机构为了保障国家安全，专门负责收集和分析各类情报信息。由于情报机构通常比大众和其他政府部门对重大国内国际事务具有更深入的了解，万一这些机构要利用其信息优势违背公众利益，社会和政府要采取反制措施并不那么容易。

（3）委托人对他／她与代理人之间的合同拥有完全控制权。在委托－代理理论中，委托人单方面全权确立与代理人之间合同的内容，代理人只能决定接受或拒绝合同。这一假设就把委托－代理问题与社会上的其他一些能够通过多轮谈判找到更平等解决方案的情形区分开来了。这样的假设看似有些严苛，其实对许多现实生活中的例子都适用，比如你在购买保险时，保险条款的具体内容是完全由保险公司事先拟定的。与之相似，基因全权指定了不同细胞的分化方式，进而分别执行整个生物体所必需的各种任务。除了极少数遗传学实验以外，脑没有能力改变DNA的碱基序列，而反过来，脑的一整套发育程序都是由DNA中编码的遗传信息指定的。

（4）委托人和代理人的利益并不一致。也就是说，两者之间有潜在的利益冲突。使代理人获利的事情并不一定对委托人有好处，反之亦然。如果这一前提不成立的话，委托－代理理论就完全没有存在的必要了。在几乎所有具有经济学意义上的分工的人类社会中，利益冲突都会发生。事实上，人和人之间的所有摩擦和矛盾，背后都隐藏着一个委托－代理问题。例如，父母和孩子之间的关系就包含某些委托－代理问题的因素，尤其是当父母试图决定孩子应该做什么的时候。对于父母来说，孩子的安全可能是第一位的，而孩子的关注点也许在于找更多的乐子。

在生物进化过程中产生的分工往往也摆脱不了利益冲突的阴影。有些时候，分工可以顺畅地执行，例如DNA和DNA聚合酶之间通过一个正反馈相互影响，它们的利益是相互捆绑的。DNA聚合酶的工作效率对DNA自身的复制至关重要，如果DNA中产生了任何突变导致DNA聚合酶效率降低，这样的突变都不太可能有成功繁殖的机会，都会被逐渐清除。尽管如此，DNA和蛋白质之间的关系并不总是这样和谐。一些基因编码的蛋白质主要影响大脑的结构和功能，这些蛋白质中会有一部分参与决定脑如何记住过往经历，并从中学习。在这种情况下，假如编码这些蛋白质的基因发生某些变化，最终会如何影响DNA复制的效率，并不容易准确预测，这可能会导致脑和基因之间的利益冲突。例如，有些基因会影响该动物的脑，使得个体对它看到的第一个移动物体产生强烈的依恋，这就使年幼动物更容易跟随它们的父母行动，这对其生存具有重要意义。然而，如果这一物种生活的环境中天然存在许多有害的移动物体，基因编码的这一行为可能就是不合时宜的了。

与细胞内不同化学成分之间的分工相比，多细胞生物体中不同细胞之间的分工采取了更为复杂的形式。体细胞放弃了自我繁殖的能力，并承担起保护专门执行繁殖任务的生殖细胞的重任。尽管自我复制是所有生命形式的决定性特征，体细胞却毅然决然地放弃了自身的繁殖，这正是因为生殖细胞与它们拥有相同的基因。如果具有相同 DNA 序列的生殖细胞大量复制，对于同一个体的体细胞来说，也就意味着它们的 DNA 序列得到了成功繁殖。因此，体细胞和生殖细胞之间不存在真正的利益冲突，因此没有真正的委托－代理问题。然而，这一结论只有当体细胞适当地执行其既定职责时才成立。比如，癌细胞不受调控的增殖对同一个体中的所有其他细胞都是一种威胁。

鉴于多细胞生物体内的各种细胞在多数情况下都能成功合作，因此当你得知，脑和基因两者的利益并不一定总是齐头并进时，你也许会感到些许意外。具有讽刺意味的是，这一利益冲突恰恰源于基因为脑设定的规则与指令。一般来说，基因设定的行为就像预先写好的程序一样，是固定不变的，尤其是当这些行为与动物的生存和繁殖直接相关时，它们并没有什么变化余地。比如，大多数动物都会对滚烫的物体避而远之。它们喜爱甜食，厌恶苦涩。对于许多动物来说，与交配相关的行为通常由有关基因直接控制。这也意味着，这些行为的效用值被设置得远高于其他不那么重要的行为（如休息或玩耍），因而动物始终会选择正确的行为。这正是食物和性行为能激发极大快感的原因。然而，一些其他行为的好处可能更加微妙，而且也不那么固定。因此，把行为完全交由基因直接控制，并不一定总能产生对动物个体及其基因最理想的结果。比方说，对于生活在复杂社交网络中的人类来说，要让基因来决定最优行为恐怕就很难。决定是否应该与社会中的其他成员合作，在何时进行这样的合作，是一个相当复杂的问题，我们在本书的后续章节中将会对它继续深入讨论。所有基因都是自私的，但它们依然选择将帮助自己复制的责任委托给脑，这是因为基因自身无法解决这些复杂的问题。如果脑只知道满足那些仅与生存和繁殖有直接联系的欲求，这最终将有损基因的根本利益，降低其复制能力。

（5）委托人和代理人的行为是理性的。这是大多数经济学理论中的常见假设。在经济学中，理性（rationality）意味着决策者从自身的利益（即效用函数）最大化的原则出发，做出稳定、一致的选择。在委托－代理理论的情况下，这代表委托人和代理人都通过选择自己的行动来使各自的利益最大化。然而，取决于我们是在讨论人类决策者之间的分工，还是单个生物内部各组成部分的分工，我们需要对这一假设做出不同的解释。正如我们之前所讨论的，人类行为并不总是能以效用最大化来解释。尽管如此，对于人们做出的许多选择来说，理性仍然是一个较好的近似假设。相比之下，谈到细胞内发生的化学反应，要说像DNA和蛋白质这样的化学物质正在做出理性选择以最大化其效用函数，就难免有些牵强。因此，把委托－代理理论套用到细胞内化学成分之间的分工恐怕意义不大。

当我们探讨脑和基因之间的关系时，理性假设则是更有意义的。诚然，基因并不会以人类和其他动物的方式那样来做选择。然而，基因追求复制效率的最大化，它可以依据进化生物学中的适应度（fitness）的概念来量化——适应度的定义是后代的预期增长潜力。因而，如果我们把适应度看作一种效用的话，也就可以认为基因也在进行理性选择，以最大化其适应度。正是由于这个原因，理查德·道金斯认为基因是自私的。我们同时还知道，脑做出的决策至少是近乎理性的。既然基因和脑双方的大多数选择都是理性的，我们就可以应用委托－代理理论来更好地理解它们的关系了。

总之，虽然生物学中分工的例子屡见不鲜，但并非都适合用委托－代理理论来解释，不过脑和基因的关系或许是个例外，因为我们可以认为它们都在通过理性选择来使某些理论上的变量（如效用和适应度）最大化。另外，基因和脑的利益并不总是一致。因此，动物的脑及其基因满足委托－代理理论的所有五项假设。

对脑的激励

为了理解人类和动物的行为与智能，我们需要分析脑和基因之间因委托-代理关系而产生的利益冲突是如何解决的。委托-代理问题的最优解决方案通常需要委托人给代理人提供一些激励，以使得代理人与委托人的效用函数更加一致。在经济学意义上的分工里，金钱上的激励时常被用来维持必要的合作关系。作为例子，下面我们来研究两个经典的委托-代理问题，它们分别讨论地主和佃户之间以及保险公司与客户之间的关系。

在第一个例子里，佃户在地主所有的土地上为其工作，并以所做的农活来获取报酬。理性的地主会力求从他的土地上获得最大的利润（即从土地上获得的总收益减去向佃户支付的报酬）。同样，理性的佃户会努力使收入越高越好，并且尽量减少体力的付出。因此，佃户只有在能够增加收入的情况下才愿意承担更多的工作。很显然，地主必须向佃户支付一定的工资，但要找到支付给佃户的最优工资数额（也就是令地主利润最大化的工资）并非轻而易举。

委托-代理理论假定，地主获取的关于佃户工作总量和质量的信息并不完备。这就是说，地主无法单靠收成就准确地计算出佃户付出的劳动力。这一假设很有现实意义，因为有许多其他因素（例如当地的天气）会为作物带来难以预估的影响。如果收成比预期小，既可能是因为佃户偷懒，也有可能因为天气恶劣。这个问题的一种解决办法，是当收成超过某个约定的标准时，地主向佃户支付额外奖金。然而，这并非最佳的策略，因为如果佃户发现即便不付出额外劳动，产量也会高于该标准（比如遇上了意料之外的好天气）的话，他们就没有动力实现收成最大化。这是所谓"道德风险"（moral hazard）的一个例子。道德风险指的是，由于一个人的行为不再与其结果挂钩，因而他不再有动力去努力工作或者避免风险。委托-代理理论给出的最优解决方案是，地主向佃户出售经营权，并收取固定的费用。这一特许经营费根据双方协商确定的预期收成减去劳动力成本得出。这样一来，地主和佃户都能最大化各自的收入。对于佃户来说，只要能够增加收成，就会继续工作，因为由此产生的额外收入无须与地主分享。我们可以从这个例子中学到重要的一课：当委托人不能完全观察代理人的行为时，委托人向代理人提供的激励金额应当与代理人的行为结果紧密相关。

委托-代理问题的另一个例子来自保险业。如果发生会导致极大损失的意外（如癌症或车祸）的可能性相对较小，购买保险是一种富有吸引力的规避风险的方法。被保人只需支付相对较低的保费，就能防御一旦发生不幸事件时产生巨额花费的风险，因为如果意外真的发生，保险公司将代为支付这一费用。然而，在投保以后，被保人就可以不再那么小心谨慎了，因为事故的实际成本已经完全消除，或者至少显著降低。例如，购买医疗保险以后，人们不健康的行为（如吸烟、饮酒）可能会增多。购买汽车保险后，人们行车也可能会更为莽撞。这些行为也是道德风险的例子，它们的根源就在于保险公司无法完全得知其客户的行为，从而也就不能提高习惯不良的那部分人的保费。保险公司防止此类道德风险的一个有效方法是免赔额（deductible）——被保人必须自行负担一定数额的费用，在此之上的损失才由保险公司赔付。免赔额为被保人提供了一定的动力去避免保险所涵盖的事故或其他损失，这是因为保险不再赔偿全部损失了。这种做法可以使被保人和保险公司双方都受益，因为免赔额降低了保险公司的成本，因而也会降低消费者承担的保费。

当地主向佃户收取固定的特许经营费，或者当保险合同规定了免赔额时，地主和保险公司（委托人）就是在诱导佃户和被保人（代理人）以促进委托人利益的方式行事。这样的激励措施如果选择得当，会比无休止并且事无巨细地检查和管理代理人的行为要有效得多。然而，这也要求代理人理性行事，最大化自身的利益。通过为代理人提供额外的激励，委托人其实就是在更改代理人的效用函数。

不同动物的脑在形状和大小上差异很大，这也许意味着，不同物种的基因和脑之间的委托-代理问题因应环境而拥有了不一样的解决方案。对于某些动物来说，其神经系统可能在基因的指导下直接建立，是先天固化、无法修改的。由于动物的环境可能会以不可预测的方式发生变化，这种死板的神经系统也许并非最优解。由于脑与动物的环境互动更为紧密，它往往比基因掌握更多关于环境的信息。因此，不考虑环境最新变化的先天行为或反射并不总能产生对基因最理想的结果。

对于具有复杂的脑组织的动物，它们的效用函数可以根据个体的经历进行调整。这就是说，在进化的历史进程中，脑变得更加自主，并且能够更独立地控制行为。然而，基因仍然可以在很大程度上对效用函数进行有效约束，这就类似于委托人为代理人提供的激励一样。由基因设定的效用函数可能具有一些初始参数，它们对应于一些重要结果（如食物或配偶）的合意程度，亦即价值。然而，仅仅设定结果的合意程度还不足以准确控制行为，因为在不断变化的环境中，行为的结果并不总是完全可预测的。脑必须先学习哪些行为可能产生最理想的结果，从而确定不同行为的效用。也就是说，脑需要学习的，是那些让基因无能为力的问题的解决方案。因此，学习是智能的核心。

第 6 章

为何学习?

学习是智能的基本特征,多种学习机制同时存在,它们的相互作用正是智能行为的核心。

人类可以学习,因而可以根据经验改变我们的行为。可是,那些神经系统比我们简单得多的动物也能学习吗?例如此前提到过的线虫,其神经系统只有大约 300 个神经元。事实上,即使像它们这样神经系统如此简单的动物,也可以通过经验来习得和改变自己的行为。比如,如果线虫在向前移动时头部意外地撞到某个坚硬物体,它会立即倒退。这称为头部退缩反射,它能使动物避开运动路径上可能对其带来伤害的物体。然而,如果线虫个体反复经历相同的机械刺激,这一反射的幅度就会逐渐减小。这就是一种简单的学习形式,称为习惯化(habituation)。要理解像这样的习惯化为什么对线虫有益并不难。如果线虫一上来撞到的确实是掠食者，那么恐怕它不太可能连着撞上那么多回都还没被吃掉。反过来说，假如相同的刺激重复多次，那么就有理由认为这是安全的。如果线虫遇到的是完全无害的物体，就没必要继续倒退，尤其是当它饥肠辘辘，需要积极觅食的时候。要是缺乏习惯化的能力，像线虫这样的动物可能就会在不必要的退缩反射上耗费时间和能量。

几乎所有动物都有神经系统，所有具备神经系统的动物都能学习。这一点其实是理所当然的：神经系统的进化正是为了完成基因无法做到的事情，即在变化多端、难以预测的环境中实时做出决策。如果动物没有学习能力，它们的神经系统或许仍然可以让它们根据环境做出适当的决定，但这样效率会很低。在缺乏学习能力的情况下，动物就得依靠基因突变来产生适当的行为——如果突变发生在控制神经系统发育的基因上，子代的神经系统就会发生变化，进而产生新的行为。如果所在环境发生意料之外的变化，要靠改写神经元之间的连接才能产生适当的行为，那就不得不经历很多代个体间大量突变的积累才能实现。而在这样的试错过程中，许多个体会因为行为无法适应环境，在饥饿或天敌的捕食中死于非命。相比之下，学习允许动物在个体的生命周期内更迅速地改变它们的行为。因此也可以说，学习使基因和脑之间的分工更有效。

人脑的神经元比线虫多3亿倍，这为人类提供了强大得多的学习能力。人类学习比线虫复杂得多，学习的内容和方式也更为多样。人类通过学习来选择和完善几乎所有自主行为。吉他手精巧的手指动作弹奏出美妙的音乐，外科医生熟练的动作挽救许多患者的生命，所有这些都是学习的产物。如果不了解人类如何学习，我们就无从讨论人类的智能。学习是智能的基本特征。在这一章里，我们将了解到，学习不是一个单一的过程。多种学习机制同时存在，而它们的相互作用正是智能行为的核心。

学习的多样性

当人类和动物进行学习时，他们究竟是在学习什么？在整个20世纪，心理学家一直在激辩这个话题。显然，学习的具体内容取决于动物面临什么任务，因此，关于学习的不同理论，也常因为科学家用于研究学习行为的实验任务不同，存在内容差异。不仅如此，如果动物可以通过多种方式学习，同一物种的不同个体，在执行同一个相对简单的行为任务时，表现也可能有所不同，因为这也取决于每个个体选择了哪种学习策略。其中一个体现了这种差异的著名例子，来自爱德华·托尔曼（Edward Tolman）完成的一系列行为学实验。在20世纪40年代，托尔曼试图解答大鼠在学习过程中所获取的信息究竟是什么。他与同事们经常使用一种叫作T形迷宫的实验方法（图6.1），这种范式至今在对学习的研究中十分流行。在T形迷宫实验中，大鼠被放置在T形迷宫下方起点处，然后向前行进。大鼠到达丁字路口时，需要选择向左或向右转。在大多数情况下，只有一侧放有食物

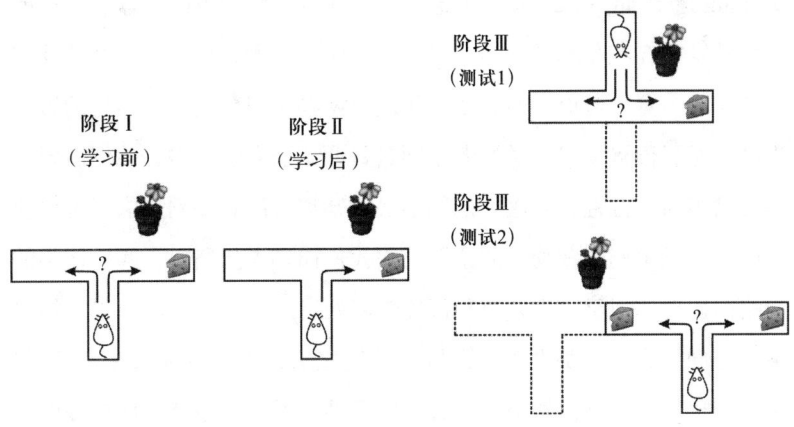

图6.1 托尔曼进行的一系列用于区分位置学习和反应学习的实验

颗粒之类的奖赏。当大鼠重复进行多次实验以后,它通常会知道哪一侧有食物,因而在多数时候都选择转向那一侧。这是实验室研究中对学习进行定量测量的一种方式。

一个如此简单的任务是如何告诉我们学习内容的呢?让我们想象一下,我们在 T 形迷宫中训练一只大鼠,同时反复将奖赏放在右侧,一段时间以后大鼠便学会了转向右侧(图 6.1,阶段 Ⅰ 和 Ⅱ)。这时候,动物习得的究竟是什么?一种可能性是,大鼠学会了到达岔路口处时应该做出的特定行为反应——向右转。托尔曼将此类学习称为"反应学习"(response learning)。反应学习的目的,是学习哪一种躯体动作是达成目标所需的。然而,还有另一种可能性,也就是自己必须到达什么位置,才能采集到食物。在这种情况下,大鼠选择向右转,不是因为它学到了此时需要产生的特定身体动作,而是因为它学到了食物的位置。在这个实验中,大鼠可以利用各种线索来了解食物的位置,比如食物相对周围环境中其他标志物处在什么方位。由于它习得了食物的位置,因此稍后它就可以利用这一信息,选出能将自己带到该位置的躯体动作。这一过程称为"位置学习"(place learning)。比如,如果大鼠注意到 T 形迷宫右臂附近的花盆,它可能会发觉食物在花盆附近,而不是简单地学会在岔路口右转。究竟反应学习还是位置学习更方便,取决于获取两种学习模式所需信息的容易程度。对于位置学习,学习者必须具备两条信息。首先,他们需要了解自己当前的位置。其次,他们还必须知道自己想要到达的、可以获得所需结果(例如食物)的位置。当我们向别人指路时,我们使用的策略往往也类似于反应学习和位置学习两者之一。例如,如果你指着某个方向,说"往那儿走 5 分钟,右转之后再走 5 分钟",这就类似于反应学习。相反,如果你指着一幢高楼,说"地方就在那栋楼以东约 200 米处",那就更像是位置学习了。

那么，如果你用T形迷宫训练大鼠，它们到底会采用反应学习还是位置学习呢？光靠一个T形迷宫，我们无法回答这个问题，因为反应学习和位置学习产生的结果是一样的。为了区分这两种可能，得把学习过原始的T形迷宫的大鼠放到一种新的状态里。例如，一旦大鼠开始稳定地右转，我们可以将整个T形迷宫旋转180度，再来测试大鼠的行为（图6.1，阶段Ⅲ-测试1）。如果大鼠采用的是反应学习，它仍然使用之前学到的躯体动作转向右侧。相反，如果大鼠采用位置学习，那么它们会注意到，那个与食物联系在一起的花盆现在位于左侧，因而它们现在会向左转。还有一种方法也可以测试大鼠学习的内容——将迷宫向右移动，使原始T形迷宫右臂的末端现在对应于左臂的末端（图6.1，阶段Ⅲ-测试2）。和前面一样，只有使用位置学习的大鼠才能做出正确选择。它们会意识到起始位置发生了变化，从而改为向左转。

这两个实验背后的逻辑是直截了当的，因此人们一度期望，这些实验能够明确解答动物在T形迷宫实验里究竟习得了什么。不幸的是，许多使用上述研究范式的实验结果并不一致。一些研究人员发现大鼠使用了反应学习，而其他人则发现了支持位置学习的证据。一开始，这让人十分困惑沮丧。然而，科学家们最终意识到，动物具备多种学习策略，并且可能会根据自身的经验和具体的任务设置来选择最合适的学习方式。因此，在过去的几十年中，对学习的研究重点逐渐从学习的内容转为动物如何在不同的学习策略或算法之间进行选择。

对动物学习的科学研究发端于一百多年前。托尔曼的研究继承了美国心理学家爱德华·桑代克（Edward Thorndike）和博尔赫斯·斯金纳（Burrhus F. Skinner）的衣钵，他们共同发现了操作条件反射（operant conditioning），亦称工具性学习（instrumental learning），这是动物学习的一个重要原理。托尔曼定义的反应学习、位置学习这两种学习类型，都是操作条件反射的例子。在 20 世纪初，俄国的伊万·巴甫洛夫（Ivan Pavlov）还发现了一种完全不同于操作条件反射的学习原理，现在被称为经典条件反射（classical conditioning），或巴甫洛夫条件反射（Pavlovian conditioning）。我们在这一章的主要目标是准确理解这些学习原理有何不同，以便在下一章里进一步探讨它们在脑中的实现方式。因此，现在就让我们来研究经典条件反射和操作条件反射之间的区别。

经典条件反射：流口水的狗

所有养过狗的人都知道，狗很爱流口水。它们不仅在看到食物时要流口水，而且在期待食物马上来临时也会垂涎三尺。比如，一旦主人摸到了藏着它最爱吃的食物的抽屉，它就已经垂涎欲滴了。由于主人的手靠近抽屉往往就意味着过不了多久它就会被喂食，因而狗预先让口腔充满唾液，为进食做好准备。因为狗并不会天生就知道食物存放在一件家具之中——狗的基因里不会包含像人们在哪里储藏狗粮这样的信息——所以狗这样的反应必定是后天习得的。狗之所以会对喂食的预兆做出分泌唾液的反应，是因为它们之前已经学到，食物往往会跟随这样的信号出现。通过研究这种学习过程，巴甫洛夫发现了经典条件反射的原理，这是动物学习最基本、最普遍的原则之一。为了纪念其发现者，它也被称为巴甫洛夫条件反射。狗爱流口水这个特点一定帮了巴甫洛夫的大忙，因为这使得他用那个时代精度欠佳的仪器，也能很方便地对唾液的分泌量进行准确测量。

什么是经典条件反射？它是如何工作的？经典条件反射有几个要求。首先，必须存在一种不需要事前学习也可以被某些刺激触发的行为反应,例如分泌唾液——美味食物的气味会引发唾液分泌,不论我们之前是否闻到过相同的食物。不依赖于先前学习的行为反应称为无条件反应(unconditioned response),无须学习即可触发反应的刺激称为无条件刺激(unconditioned stimulus)。每一个无条件刺激都对应一个无条件反应。无条件反应是经典条件反射的一个前提条件。

经典条件反射的第二个要求是,一个中性感觉刺激要先于无条件刺激呈现,并且这两种刺激必须连续多次按此顺序先后呈现。中性刺激要与无条件刺激无关,并且本身不会触发无条件反应。在巴甫洛夫最开始的实验里,这个中性刺激通常是铃声。在一只狗学到铃声预示着食物的到来以后,一旦听到铃声,即便食物还没出现,它就会开始分泌唾液。这种由原本是中性的刺激所触发的行为反应称为条件反应(conditioned response),而产生条件反应的中性刺激称为条件刺激(conditioned stimulus)。

在经典条件反射中,引起条件反应的条件刺激可以属于任意类型,也不需要与非条件刺激有什么关系或是相似之处。相比之下,依靠学习产生的条件反应则与自然存在的无条件反应是本质上一样的行为。由于这一重要特征,经典条件反射在各种学习类型中独树一帜。例如,在巴甫洛夫最初的实验中,与食物配对的条件刺激并不是想要产生什么反应(如坐下或者伸爪子)就能产生什么反应——条件刺激和无条件刺激产生的结果都是唾液分泌。换句话说,经典条件反射是让条件刺激能够触发与非条件反应非常相似的条件反应。因此,通过经典条件反射的学习,可以被条件刺激引发的行为范围很有限,主要是反射或其他相对简单的先天行为。例如,动物在看到它们的天敌时,通常会停止所有的自主运动,这被称为冻结(freezing)反应。通常来说,掠食者属于无条件刺激(这意味着动物的基因可能会储存关于它最常见的掠食者的感觉特征的信息)。因此,将掠食者和其他条件刺激匹配起来，便可以训练动物对其他刺激产生冻结反应。无条件反应通常涉及自主神经系统的相关活动，例如唾液分泌、血压或呼吸的变化等。虽然条件反应与无条件反应相似，但它们并不完全相同。条件反应的强度和幅度通常比无条件反应来得小。例如，当我们向狗呈现与食物相关联的条件刺激时，狗分泌的口水会比真正吃东西时少。

效果律和操作条件反射：好奇的猫

正当巴甫洛夫在俄国圣彼得堡的帝国实验医学研究院对狗身上的经典条件反射开展研究时，美国哥伦比亚大学一位名叫爱德华·桑代克的心理学家正在纽约他的公寓里研究一种形式完全不同的学习。桑代克让他的猫做一个"密室逃脱"游戏——他把猫放进一个装有各种机关的箱子里（图 6.2），然后测量它需要多长时间从箱子里逃出来。要逃离盒子，猫必须学会桑代克随机指定的特定行为反应，比如拉绳子或按下杠杆。成功逃跑以后，猫会获得它最爱吃的食物作为奖赏。桑代克反复将同一只猫放进同一个箱子里，测量它逃脱时间的变化情况。他发现猫逃脱得越来越快——这一结果今天看来似乎有些不足为奇——这表明猫学到了逃离箱子所需的行为反应。

尽管桑代克的实验结果看起来似乎微不足道，但这些观察结果为心理学中最具影响力的定律之一——效果律（the law of effect）——奠定了基础。该定律指出，如果某动物的行为产生了合意的结果，它很可能会重复相同的动作。相反，如果动作的结果是让动物厌恶的，动物重复该动作的可能性将会降低。例如，如果猫通过产生一系列动作成功地从箱子中逃出，而且还得到了鱼作为奖励，那么猫在以后再次被放入同一个箱子时，就更有可能产生同一串动作。相比之下，如果猫在逃脱之后受到惩罚，如电击之类的使其痛苦的刺激，那么同样

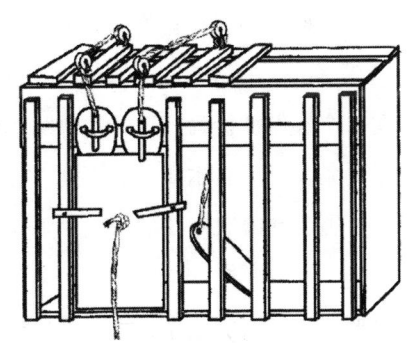

图 6.2　桑代克的箱子

的定律可以预告它越来越不愿逃离箱子。在桑代克的实验中，能增强先前行为强度的刺激或事件（如食物）称为强化物（reinforcement），而任何能降低先前行为可能性的事物都被称为惩罚（punishment）。桑代克认为，学习的目标是发现行动与其结果之间的关系，即了解某一行为是否会带来强化物或惩罚。因此他提出，智能是动物尽快识别大量此类关系的能力。

桑代克的理论产生了极大影响力，并被斯金纳进一步发扬光大。在他的实验中，斯金纳做出了一项重大改进——他大幅简化了桑代克的箱子，并消除了所有可能会以难以预测的方式改变动物行为的不必要因素。由于这些改进，要找到动物行为与其后果之间的正确关系变得容易得多了。他的测试设备仅包含测量动物行为反应所必需的部分：（1）可以提供食物等强化物的装置；（2）可以提供简单感觉刺激的装置，如电灯泡。这一装置被后人称为"斯金纳箱"（Skinner box）。利用斯金纳箱，斯金纳和他的同事们操纵强化物出现的时间和频率，研究了动物的行为是如何随之改变的。

即便有了实验设置上的简化，从本质上说，斯金纳所研究的学习类型仍与桑代克的效果律所描述的行为相同，因而也就不同于经典条件反射。斯金纳将动物为了获取奖赏而必须产生的行为反应称为操作性行为（operant behavior，或 operant）。通过强化物或惩罚来增强或减弱一个操作性行为，这一过程叫作操作性条件反射。操作条件反射与经典条件反射有本质上的不同。准确理解它们之间的差异十分重要，这是因为它能启发我们深入了解这两种不同形式的学习是如何进化的。

经典条件反射的建立，需要无条件刺激和条件刺激反复配对。对于任一条件刺激（如铃声），如果它总是在对行为更有意义的无条件刺激（例如食物）之前出现，动物就能预计到，一旦条件刺激出现，无条件刺激也将很快随之而来。因此，动物就能提前准备做出对无条件刺激的适当行为反应。如果无条件刺激关系到该动物个体的安全和存活，需要它立即应对，这就尤为有用。比如，如果动物的感觉系统接收到掠食者即将发起攻击的预警信号，那么学到这种关系将是非常有价值的。在经典条件反射中，选择适当的行为反应并不困难，因为它与无条件反应相同。

操作条件反射则更为复杂和灵活，这是因为动物必须通过反复试验，找出获取强化物或是避免惩罚究竟需要做出怎样的行为反应。例如，在桑代克的实验里，一只从未见过那个箱子的一无所知的猫完全不会知道，如何才能从箱子中逃脱。对于像这样没有经验的猫来说，它是如何能够最终发现，在箱子里按下杠杆，再拉一下绳子，也许就能把门打开？答案是它的好奇和贪玩。操作条件反射的基本要素是有能力产生各种看似随机的行为，哪怕不能明显看出它们对解决实际问题有多大帮助。当动物对环境并不了解，也不清楚怎样的行为最优时，通过尝试看似随机的行为进行探索，寻找可能的解决方案，这也许会起到重要作用。或许，这也是为什么许多哺乳动物幼体在仍受父母保护时会把许多时间花在与同龄的同类一起玩耍的原因。

对于经典条件反射来说，由于它依赖于动物先天具有的一套无条件反应，学习被局限在这些行为的范围内，而操作条件反射则可以应用到任何物理上可行的行为。正是出于这个原因，斯金纳声称他可以修改任意的动物或人类行为。语言可以说是我们能想到的最复杂的动物行为了，而斯金纳并不认为语言是个例外。他提出，语言的学习也是一种操作条件反射，这种观点引起了很多争议。在第二次世界大战期间，斯金纳甚至提出，可以训练鸽子作为飞行员，来控制导弹的轨迹，以提高投弹的准确性。这一项目当时得到了美国政府的资助。斯金纳相信，所有人类和动物的行为都是由其环境决定的，其中尤为重要的便是行动与其结果之间的关系。因此他认为，只要从婴儿出生开始，父母就审慎运用操作条件反射的原理，便可以养育出更聪明、情绪更稳定的人类。他写了一本名为《瓦尔登湖第二》的小说，书中描述了一个乌托邦社会。在这个社会中，所有的孩子都是在一个基于操作条件反射的最优教育体系中长大的。

用今天的标准来看，斯金纳认为人类行为完全由环境决定，这一观点恐怕过于激进，与实证证据也不一致。在20世纪上半叶，人们对基因如何影响神经系统的发育、促进不同物种特有的行为这些问题知之甚少，也在很大程度上影响了斯金纳。另外，斯金纳之后的心理学家，如托尔曼等，也发现了许多行为，必须借助关于认知过程的理论才能得到合理解释，而斯金纳恰恰是这些理论的激烈反对者。斯金纳还认为，人类的创造力完全基于行为的随机变异，而后者正是操作条件反射的基石。斯金纳的学说并不全都正确。然而，他为20世纪的心理学研究做出了许多贡献。尤其是他强调对行为的量化以及严谨的实验控制，这些观点至今在行为科学的所有领域都发挥着非常重要的作用。

操作条件反射与经典条件反射的相遇

在经典条件反射和操作条件反射中,动物学习新的行为反应的方式有着本质区别。此外,这两种类型的学习,通常被运用在不同类型肌肉的运动上。例如,自主运动总是由骨骼肌产生,它们通常受到操作条件反射的调控。经典条件反射往往以平滑肌为载体,这些肌肉主要参与身体的呼吸和消化功能。因此,自然会有人觉得,经典条件反射和操作条件反射可以各行其是,互不干涉。有趣的是,情况并非总是如此,因为这两种类型的学习有时会影响同一行为。人类和动物能够运用多种类型的学习是大有益处的,因为这使得他们更有可能在多种多样的环境中找到最适宜的行动。与此同时,这也带来了不同学习策略之间发生冲突的风险。

在日常生活中,我们很容易就能找到两种条件反射相结合产生理想效果的例子,比如狗的响片训练。如果训练者在狗产生如握手或翻滚之类的动作时给狗喂食,这种行为就会得到强化。而且,只要狗接收到训练者的有效信号,就可能重复该行为。然而,在训练过程中,由于客观条件的限制,要在每次狗产生正确行为时就立刻给它喂食也许并不可行。因此,训练者经常使用响片向狗提供即时的听觉反馈,以表明它已经产生了正确的行为。那么,狗又如何能学会将响片发出的咔嗒声与食物联系起来,并且为获得这样的声音而努力?这可以通过经典条件反射来完成——训练者可以在他给狗喂食之前不久用响片发出声音。如果这个过程重复许多次,狗就会在听到响片的声音时期望得到食物。一旦这一训练完成,响片的声音成为条件刺激,响片声便具备了强化操作行为的能力。这就使得对狗的各种行为训练变得更加有效和简单,因为现在我们无需食物,仅仅使用响片声来强化任意行为。通过经典条件反射获得强化特性的刺激被称为二阶或条件强化物（secondary reinforcer，或 conditioned reinforcer）。条件强化物通常是经典条件反射中定义的条件刺激。相比之下，无须事先进行反射训练即可直接用作强化物的刺激被称为初级强化物（primary reinforcer）。操作条件反射中的初级强化物（如食物）也可以是经典条件反射中的无条件刺激。

斯金纳之所以认为人类或动物的任何行为都可以被随意修改，理由之一就是经典条件反射和操作条件反射调节可以通过许多不同方式灵活组合。例如，经典条件反射并非只能直接在某个条件刺激和某个无条件刺激之间发生。一旦动物了解到特定的条件刺激（如响片发出的咔嗒声）预示食物马上就会到来，我们就可以对动物进行新一轮的训练：我们向动物呈现另一种中性刺激（如一棵树的图片），然后紧接着用响片发出声音，但并不提供食物奖赏。这时，动物将了解到，树的图片预示了先前与食物相关联的条件刺激。这样一来，每当看到树的图片时，它就开始产生条件反应。像这样的经典条件反射链条称为高阶条件反射（higher-order conditioning）。在有些例子里我们可以看到，通过高阶条件反射，某个预测二阶强化物的刺激可以成为三阶强化物（tertiary reinforcer）。人类行为里有着许多这种高阶条件反射的例子。比如，许多人都会为金钱和名望而努力奋斗，这些都可以被看成是高阶强化物，因为它们能帮助人们获得大量其他合意的东西或条件刺激。通常，如果某个高阶强化物（如金钱）可以用来换取许多其他不同类型的强化物，它就属于广义强化物（generalized reinforcers）。

广告是将经典条件反射和操作条件反射的力量结合起来用于商业目的的绝佳案例。在资本主义社会中，广告的重要性不言而喻。2017年，全球广告市场的产值高达约5500亿美元，仅仅在美国，用于广告的支出据估计就达到了约2000亿美元。在2018年的"超级碗"比赛期间，一个30秒电视广告的价格超过500万美元，为拥有比赛转播权的美国全国广播公司（NBC）带来了4.14亿美元的总收入。任何一个厂商发布新产品时，都必须把该产品的信息传达给潜在的消费者。然而，广告的目的并不仅限于传达关于产品的信息——如果是这样的话，大多数广告都将变得非常无聊。广告的根本目的，是为了刺激消费者购买产品。它是如何做到这一点的呢？为了让顾客掏腰包，光靠经典条件反射并不够。许多电视或网络广告都会将一些象征产品的图像（如公司的商标）和产品本身同时显示，但如果广告仅仅包含经典条件反射，就不能引起购买产品的行为。一个观众看完了包含悦耳音乐和诱人图像的牛排广告，也许会像巴甫洛夫的狗一样垂涎三尺，但不见得会下单买牛排。如果产品自身不是像食物这样的无条件刺激或初级强化物，问题就更复杂了。比如，你会如何制作一则冰箱的广告？冰箱的外观通常和它的功能关系不大。然而，观看外观优雅的冰箱往往能让人产生强烈的购买愿望。如果一款冰箱的广告里有甜美的音乐，还有美艳的模特儿，就可能会使潜在买家不由自主地畅想未来乐音飘扬、美人相伴的愉快体验。这正是许多公司不惜成本在广告中请明星为其代言的原因。然而，看完这样一则广告以后，消费者又是如何将这种正面刺激与付钱购买广告中的商品的行为联系起来的呢？

广告的强大效力在很大程度上取决于一种叫作经典－操作条件反射转移（Pavlovian-instrumental transfer，PIT）的现象，这种现象在实验动物上已有深入的研究。与高阶条件反射一样，经典－操作条件反射转移需要以经典条件反射为基础。让我们再来思考一下之前讨论过的情况：一只狗反复体验到铃声和食物一起出现，这样的话，每当它听到铃声时就会分泌唾液。现在，想象一下我们将前面的经典条件反射中的食物用作强化物，训练这只狗用操作条件反射来执行另一个动作。这时我们可以训练它产生任何动作（如用右爪遮住眼睛），因为操作条件反射对可以学习的行为范围几乎没有限制。在形成操作条件反射后，狗更有可能在任何时间做出该动作。

这时候，如果这只狗听到在经典条件反射中被用作条件刺激的铃声时会做什么呢？这会诱导狗分泌唾液，也就是条件反应。然而，假如经典条件反射和操作条件反射的效果是完全独立的话，钟声不应该诱导动物产生通过操作条件反射获得的行为（用右爪遮住眼睛）。尽管两种类型的条件反射使用了相同的食物，但它们涉及不同的行为反应，因此一种不见得会影响另一种。有趣的是，在这种情况下，狗其实会在听到铃声时更频繁地执行通过操作条件反射学到的动作。这就是经典-操作条件反射转移的一个例子，这一概念指的是，如果某个条件刺激与另一操作行为都与同一个强化物相关联，条件刺激的存在会使该操作行为得到强化。

人们付钱购物的行为永远都是操作条件反射的结果——付钱不是无条件反应，因此无法通过经典条件反射学习。广告通常让人们记住某些产品，并使人预期消费这些产品将会获得的快感，这表明广告对产品来说是一种条件刺激。广告通常包括漂亮的面孔和其他令人愉快的图像，因为它们能使广告成为更有效的条件刺激。这样的广告可能会诱发一些条件反应，例如瞳孔扩张、心率增加或唾液分泌，但并不会直接产生为物品付钱这样的反应。购物是一种操作行为，因此广告诱使消费者购买产品的手段正是经典-操作条件反射转移。

操作条件反射与经典条件反射的冲突

有些时候，经典条件反射和操作条件反射可以和谐共存，没有任何冲突，条件强化物和经典-操作条件反射转移正是两个这样的例子。然而，如果通过操作条件反射习得的操作行为与通过经典条件反射习得的条件反应互不相容，这两种不同的学习原理就可能发生冲突。这意味着操作条件反射也许并不适用于所有行为，因为如果当它使用的强化物本身伴随着某个无条件反应，那么所有与该无条件反应不相容的行为都不能被操作条件反射训练出来。具有讽刺意味的是，发现并报告了一系列经典条件反射与操作条件反射之间此类冲突的凯勒·布瑞兰德（Keller Breland）和玛丽安·布瑞兰德（Marian Breland）夫妇，正是斯金纳的学生。布瑞兰德夫妇把斯金纳及其同事建立的学习理论应用到许多不同种类的动物上，并创立了一项名为"动物行为工厂"的娱乐生意。他们的公司主打有趣的动物行为，如母鸡弹钢琴、小猪用吸尘器打扫房间等。通过大量的动物训练，布瑞兰德夫妇逐渐意识到，由于某些行为与经典条件反射之间存在冲突，它们几乎无法通过操作条件反射的训练来习得，这与斯金纳的主张相悖。例如，他们试图训练浣熊将硬币放入金属盒子里，但浣熊却并不愿意放手。这是为什么？每当浣熊无意中把硬币放入盒子并获得食物奖赏时，经典条件反射和操作条件反射会同时发生。一方面，正如布瑞兰德夫妇所期望的，通过奖赏，他们能够强化浣熊把硬币放入盒子的行为；但另一方面，由于食物也是无条件刺激，会触发浣熊的无条件收纳反应，于是浣熊把这种反应与硬币配对，无论何时得到一枚硬币，就会产生类似的条件反应。在这种情况下，浣熊的条件反应可能是抓住硬币，并试图将它藏在一个安全的地方，而不是把它放到一个不明底细的金属盒子里。对于布瑞兰德夫妇训练的浣熊来说，经典条件反射对其行为的影响比操作条件反射更大。

经典条件反射与操作条件反射之间的冲突也会给人类带来不良后果。比如，当人们与伴侣发生争执时，他们可能非常清楚，两人最好分开一小会儿各自冷静一下。操作条件反射会支持这样的行为，因为如果他们预期争吵会再次爆发的话，这种潜在的惩罚会促使他们回避对方。然而，实际上，他们可能会发现，自己很难忍住哪怕暂时不去接近对方，因为经典条件反射往往会促进接近行为，尤其是人们身边常常有对方的礼物或照片等条件刺激。在日常生活中，像这样由于经典条件反射和操作条件反射之间的矛盾而产生趋避冲突的例子还有很多。

知识：潜在学习与位置学习

心理学家在20世纪研究过的几乎所有学习都可以被归入经典条件反射或操作条件反射。但是，也许你会觉得，到目前为止我们讨论过的各种习得行为的例子里似乎还缺了些什么。比如，那些我们花了这么多时间在学校里学到的历史、物理之类各个学科的知识又算是哪种学习？对这些内容的学习似乎与经典条件反射或操作条件反射有很大不同。我们在学校这么多年里所学到的一切，似乎不仅仅是一大堆条件反射而已。当然了，学习知识这个过程所需的一些行为，例如伏案读书若干小时，可以通过操作条件反射获得，只要它们能被好成绩和师长的表扬适当地强化。然而，教育的主要目标是知识。例如，知道巴西的首都是巴西利亚，而不是圣保罗，这就不见得是经典条件反射或操作条件反射的产物。此外，灵活应用知识的能力也并非人类所独有。因此，我们需要更好地理解知识在学习中的作用。

经典条件反射总是需要无条件刺激，而操作条件反射总是需要初级强化物或惩罚。诸如食物、水和很响的噪声之类的刺激与动物的存活和安全高度相关，因此动物不需要任何学习便会靠近或远离这些刺激。因此，无条件刺激和初级强化物是在遗传上决定的。与此相反，学习可以大为拓展行为的范围，使之远远超出遗传决定的少量行为，因而能够促进基因的自我复制。通过经典和操作条件反射习得的行为可以帮助动物获得更多条件刺激和强化物，同时更有效地避免惩罚。20世纪上半叶的许多心理学家都认为，没有条件刺激或强化物，动物就不可能学习。

而正是在这时，托尔曼和他的同事挑战了盛行的观念，开始证实动物可以在无须任何条件刺激或强化物的情况下学习和获取知识。其中一个例子是托尔曼称为"潜在学习"（latent learning）的现象。当动物在一个尚无任何强化物的新环境（例如迷宫）中自由探索时，潜在学习就可能会发生。在此之后，如果该动物后来被重新放入相同的环境，并且必须习得什么位置会藏有食物，它会比事前没有机会探索迷宫的个体更快做到这一点。这就表明，前者已经对迷宫有所了解，并且在没有任何强化物的情况下在一定程度上学习到了它的布局。通过潜在学习获得的这些知识对于动物选择适当的行为可能非常有价值，尤其是当它们的生理需要或所在环境的某些部分发生变化时。

在更早的20世纪30年代，肯尼思·斯宾塞（Kenneth Spencer）和罗纳德·利比特（Ronald Lippitt）就证实，大鼠可以根据自身的生理需求灵活地运用事先获得的知识。他们的实验使用了Y形迷宫（图6.3），迷宫上部的一侧有食物，另一侧有水。该实验分两个阶段进行。在第一阶段，大鼠在充分进食和饮水之后，初次进入迷宫。此时，它们不需要水或食物，因而也不会对其表现出任何兴趣，因此在对迷宫的初步探索中，它们的任何行为都没有被强化。该过程重复几天后，研究人员将大鼠随机分成两组，然后分别禁水、禁食一段时间，使它们分别变得口渴（第一组）和饥饿（第二组）。然后，在实验的第二阶段，两组大鼠重新进入之前探索过的同一个Y形迷宫。现在，它们的行为是否会因为它们是口渴还是饥饿而有所不同呢？如

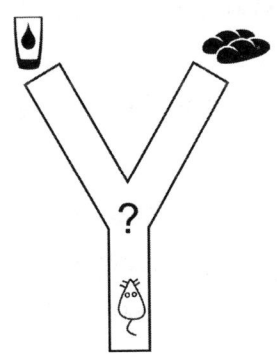

图 6.3 斯宾塞和利比特的实验

果它们在第一阶段什么都没有学到，那么就不会知道食物和水的位置，两组大鼠便只能表现出类似的行为，随机猜测哪里有食物，哪里有水。然而，斯宾塞和利比特观察到了截然不同的现象。他们发现，第一组口渴的老鼠多数都选择有水的一侧，而第二组饥饿的老鼠倾向于选择放有食物的一侧。这一结果很好地证明了，动物可以在没有强化物的情况下获得有关其环境的知识，并在以后需要时使用该知识。

潜在学习还能够解释，在本章开头描述的托尔曼T形迷宫中，动物是如何在迷宫出其不意旋转180度时表现出位置学习的。与斯宾塞和利比特的实验不同，在T形迷宫中被试大鼠并没有机会在训练开始之前探索它们的环境。然而，它们也许能通过潜在学习，建立T形迷宫的各种特征与其周围环境（如家具的位置和房间里的其他显著标志）之间的关联。潜在学习可以结合任意的感觉特征来进行，即使它们对该个体没有任何动机上的意义。因此，当动物正在进行操作条件反射，学习获取食物所需的适当行为反应时，它们可以同时学习食物的位置与房间中其他物体（例如花盆）位置之间的关系。一旦它们获得了这些知识，并将其存储在记忆中，即使迷宫被旋转或者移动到别的位置，它们仍能利用这些知识选择获得食物所需的路径和行为反应。这就对应于位置学习，其工作方式类似于导航软件——当驾驶员错过原定路线中的某个转弯时，它可以重新计算到目的地的路线。

在斯宾塞和利比特的实验中，潜在学习扩展了操作条件反射的范围。潜在学习也可以与经典条件反射结合起来。例如，想象对一只未受过训练的狗反复展示两种中性刺激，如黄色旗子加铃声。接下来，我们可以对狗进行经典条件反射的训练——铃声反复与食物配对，因而成为条件刺激。现在，当狗看到黄色旗子时，它将会怎样？实验证据表明，尽管黄色旗子从未直接与食物配对，狗会对黄色旗子表现出分泌唾液的条件反应。这意味着，在黄色旗子和铃声只是中性刺激的时候，狗就已经知道，黄色旗子会预示铃声的到来。当两种中性刺激都尚未跟无条件刺激配对时，动物就有在两者之间建立关联的倾向，这种现象称为前置条件反射（pre-conditioning）。前置条件反射是潜在学习的一个例子。

从表面上看，前置条件反射就像二阶条件反射，因为两者都涉及两个独立的关联关系。这两个关联关系，一个是在两种最初均为中性的条件刺激之间，另一个是在其中一个条件刺激和无条件刺激之间。然而，前置条件反射和二阶条件反射之间存在一个关键的区别——形成这两个关联的顺序在两者之中是相反的。在二阶条件反射中，两个原本中性的刺激之中的一个已经通过反复与无条件刺激配对而成为条件刺激，在此之后，两个条件刺激之间的关联才建立。因此，当二阶条件反射开始形成时，两种刺激中的一个对动物来说，已经不再是中性的，它已经具备预测相应的无条件刺激的能力。相比之下，前置条件反射形成时，两种刺激仍然是中性的，而且它们都不是条件刺激。换句话说，二阶或高阶条件反射必须在经典条件反射已经建立后才能发生，而前置条件反射无须任何无条件刺激或条件刺激的帮助即可发生。

通过进化，人类和其他哺乳动物具备了在各种环境中习得适当行为的能力，这主要依赖于我们在本章中讨论的两种主要类型的学习，即经典条件反射和操作条件反射。在多数时候，学习的最终驱动力是无条件刺激以及初级强化物和惩罚，它们都对动物的生存和繁殖有直接影响。即使只有这两种简单的学习机制，基因也会发现，建立脑并且选择将决定大多数行动的权力委托给后者是值得的。然而，如果脑只有当无条件刺激与另一种刺激之间存在直接联系时才通过经典条件反射学习，或是当某种行为被直接强化或惩罚时才通过操作条件反射学习，这不会是最有效的策略。在动物个体的整个生命历程中，或许会有一些原先完全中性且与个体福祉无关的经验，会在将来成为重要的信息来源，引导它做出正确选择。因此，不论通过什么方法，基因都必须让其代理人——脑——积极寻求关于所在环境的新知识。即使某些知识并不能满足任何当前的生理需求，它仍可能在以后发挥关键作用，促进基因的成功复制。对于像人类这样寿命相对较长的动物来说，能够大量积累关于环境的知识则更为重要。人类能够在地球上占据优势地位，并胜过许多神经系统更为简单的其他动物，对环境与知识的好奇心立下了汗马功劳。

第 7 章

学习的脑机制

通过经验，脑不断改变其结构和功能，从而实现学习的目的。灵长类动物的脑的多个区域参与了各种类型的强化学习。

在我们的身体里，脑是专门从事决策和行动选择的器官（图 7.1）。脑之所以在决策中起到如此关键的作用，归根结底是由于基因为了更好地进行自我复制，将决策这一重任委托给了它。正如我们在前面的章节中所讨论的那样，什么才是最有益的行为可能会随着环境变化而改变。所以在不可预测的环境里，靠基因直接指定动物的具体行为是一种低效的方案。因此，基因的办法是激励脑通过学习来找到更好的行为反应。学习对于脑和基因之间的成功分工至关重要。

通过经验，脑不断改变其结构和功能，从而实现学习的目的。由于脑在很大程度上决定

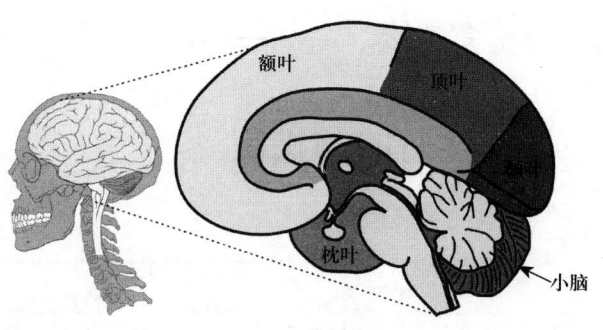

图 7.1 人的右半脑简图。改编自维基百科相关图片。颅骨由 Patrick J. Lynch 绘制（据知识共享许可授权协议 2.5 转载）。脑由 NEUROtiker 绘制（据 GNU 自由文档许可证转载）

了动物的行为，因此当动物接收到的感觉信息与预期有差异，或者是之前做出的运动反应产生了意料之外的结果时，脑就需要进行自我调整。这一过程是如何发生的呢？我们现在就来探讨这些内容。

神经元与学习

感觉刺激是转瞬即逝的。那些对于我们的生存至关重要的物体，无论猎物或掠食者，通常处于运动状态，往往只在视野中一闪而过。同样，许多重要的声音刺激通常也十分短暂。然而，为了学习的目的，即使是这种短促的感觉刺激，也需要以某种方式在脑中产生持久的变化。这种变化可能发生在单个神经元中，也可能发生在突触上。

让我们首先考虑一下，短暂的刺激如何能够产生神经活动的持续变化。当物理刺激在感觉受体（如视网膜上的感光细胞或内耳中的毛细胞）上引起充分的扰动时，这些感觉神经元的活动会发生变化，但在感觉神经元将该信号传递到更加接近中枢神经系统的位置（如大脑皮层）后，感觉神经元的活动变化往往迅速消散，并随之返回基础水

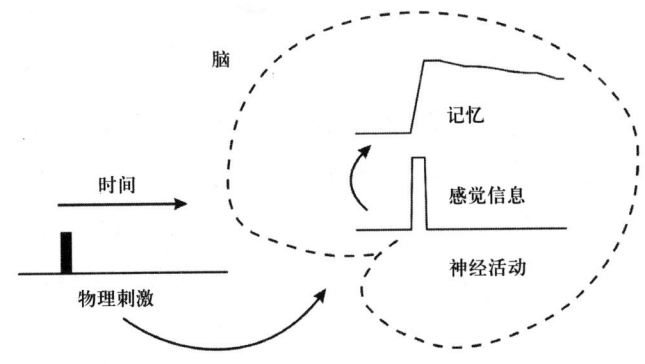

图 7.2 与感觉认知和记忆相关的神经活动

平（图 7.2）。与感觉受体相反，大脑皮质中的神经元通常会表现出更持久的反应，即使在刺激消失后，它们的活动有时仍会持续。即使在皮层内，感觉皮层区域的神经元（如初级视觉或听觉皮层）的活动仍然相对更短暂一些，这表明它们的作用主要在于检测和识别物体。相比之下，位于高级皮层区域（如顶叶和额叶等通常称作联合皮层，association cortex）的神经元则会呈现更持久的活动。因此，联合皮层中的神经元可以保持当前不再存在的过往感觉刺激的信息，这意味着它们对于学习和记忆可能起到更重要的作用。然而，即使对于高级皮层区域中的这类神经元，它们的持续活动也会随着时间的推移（通常在几秒钟内）而衰减。此外，皮质中的持续活动很容易被后续的感觉刺激打断和覆盖。

那么，一旦某个刺激带来的持续神经活动全部消失，与该感觉刺激有关的信息是否就已在脑中不复存在？情况绝非如此——对于一个重要的感觉体验，人类和动物完全可以在这一体验结束几秒钟之后仍然记住它。要将短暂的感觉体验信息储存几天甚至若干年之久，其奥秘在于突触，也就是两个神经元之间的接触点。据估计，人脑中突触的数量约在100万亿（10^{14}）至1000万亿（10^{15}）之间。学习之所以能够发生，就是依靠这样大量的突触中的化学变化。我们能够记住几十年前发生的事情，是因为这些记忆一直存储在某些突触中。

突触如何能够在学习中发挥如此重要的作用？为了理解这一点，我们要记住，智能的动物行为是许多神经元之间交流的结果。比如，我们之前讨论过蟑螂的逃逸反射，它始于尾须附近空气流动增加，蟑螂的感觉神经元随之发生活动变化，进而引发整个逃逸反射。该信号必须通过感觉神经元、中间神经元和运动神经元之间的多个突触，一直传递到蟑螂的腿部肌肉。最后，运动神经元必须通过一类称为"运动终板"（motor endplate）的特殊突触来影响肌肉细胞的活动。假如我们突然去掉感觉神经元和中间神经元之间的突触会怎么样？又或者中间神经元和运动神经元之间的突触停止工作又会如何？显然，蟑螂将不再能完成该逃逸反射，这是因为感觉神经元检测到的信号无法传递给肌肉。通过这一思想实验，我们可以清楚地看到，神经系统控制动物行为，在很大程度上就是依靠信号沿突触的传递过程。除此以外，逃逸反射也可以通过突触的变化被修改。例如，如果神经递质不再从突触前末梢释放，或是突触后神经元的细胞膜上不再有神经递质受体，那么原本依靠该突触的行为可能就会因为这样的故障而无法发生。相反，如果神经递质释放过多，或是突触后神经元的受体过多，突触可能会变得过度活跃，这也可能导致行为发生异常。这些进一步的思想实验表明，突触前和突触后神经元之间的耦合强度和方式也许对最优行为的产生至关重要。一个突触的强度通常称为突触权重（synaptic weight），它可以定义为当突触前神经元活动发生固定变化（如一个动作电位）时，引起突触后神经元膜电位的变化量。

突触权重的变化称为突触可塑性（synaptic plasticity），它提供了一种途径，使得动物在某一时刻的经历能在自身引起的持续神经活动完全消失以后，仍然能对动物随后的行为产生持久影响。试想一下，如果在动物的神经系统中既没有添加或去除神经元，也没有任何突触改变它们的性质，那么同一个感觉刺激将总是产生相同的行为反应，这也就没有学习可言了。然而，假如对蟑螂尾部重复吹气，可能会提高或降低逃逸反射的速度，具体如何变化取决于该反射的神经通路中的某些突触是增强还是削弱。

寻找记忆的痕迹

如果学习是靠具有可塑性的突触来实现的，那么我们就有可能确定负责学习的那些突触具体在什么位置，以及它们各自的突触前神经元和突触后神经元。在脑通过学习形成某一记忆的过程中，某些突触改变了其连接强度，以存储该记忆的有关信息，这些突触的确切位置称为该记忆的痕迹（engram）。可以说，记忆痕迹是神经科学皇冠上的一颗明珠，许多神经科学家都曾努力找到它。这要如何做到呢？要测量两个神经元之间突触连接的强度，一种方法是用两个不同的电极扎进突触前神经元和突触后神经元，然后用一个电极对突触前神经元施加电刺激，与此同时用另一个电极测量突触后神经元的膜电位变化。当我们用等量的电流刺激突触前神经元时，突触后膜电位的变化大小将随突触连接强度而增加或减小。比如，突触连接越强，突触后膜电位的变化就越大；反过来，突触连接越弱，突触后膜电位的变化就越小。然而，在脑中某处找到一个在学习过程中改变其强度的突触，并不足以证明这就是该学习的记忆痕迹。这是因为，突触可能会因其他一些与学习无关的原因而加强或削弱，比如衰老和疾病。要证实在脑的特定区域测量到的突触变化模式与学习期间获得的信息内容直接相关，绝非一件易事。另外，记忆痕迹也有可能散布于脑的各个部分。在20世纪上半叶，著名的神经科学家卡尔·拉什利（Karl Lashley）在进行众多实验之后仍然未能找到记忆痕迹，便做出了这样的推论。

在过去的半个世纪中，有难以计数的研究使用了各种实验技术，力图验证突触可塑性是学习和记忆的一种重要机制。然而，由于技术条件的限制，人们无法在动物通过经典或操作条件反射学习特定信息时测量实时突触强度的变化（这种情况直到最近才有所改观）。因而，许多早期实验证据是通过记录脑切片上的神经活动得到的——这些很薄的脑组织切片从动物身上取出后，被放置于提供氧气和其他营养素的培养皿中，以保持神经元的存活。许多这类研究表明，当突触前神经元和突触后神经元被同时施以电刺激时，突触的强度往往会增加。这种现象被称为长时程增强（long-term potentiation，LTP）。20世纪40年代，唐纳德·赫布（Donald Hebb）提出，这样的突触可以在脑中存储信息。因此，具有长时程增强性质的突触也称为赫布式突触。尽管长时程增强理论为脑中的信息存储提供了一种可能的生物物理学机制，但它无法指出习得的信息存储在脑的哪个位置。鉴于脑中有大量的神经元和突触，这无异于大海捞针。长时程增强最初是在海马体中发现的，但是，如今大多数神经科学家认为，脑中的所有神经元及其突触基本上都具有可塑性，因此能够根据该动物个体的经验改变它们的特性。然而，脑中具有两种看似高度专门化的结构——海马体（hippocampus）和基底神经节（basal ganglia）——这两种解剖学结构有可能是记忆痕迹的所在地。

海马体和基底神经节

在发现长时程增强现象之前，人们就对海马体在学习和记忆中可能扮演的角色有着浓厚兴趣。人们最先从亨利·莫莱森（Henry Molaison）——他可能是现代神经科学研究史上最著名的病人了——的病例上认识到，海马体可能对学习起到了非常关键的作用。莫莱森更为人所知的名字，是他的姓名首字母 H.M.。他自从 7 岁时不幸遭遇一次自行车事故以后，多年来一直被严重的癫痫症所困扰。1953 年，当莫莱森 27 岁时，一位名叫威廉·斯科维尔（William Scoville）的神经外科医生发现他的癫痫症源于海马体。因此，斯科维尔施行手术，从莫莱森大脑的两个半球中都移除了海马体，这果然成功治愈了他的癫痫症。不幸的是，出乎所有人的意料，这次手术给莫莱森带来了另一个伴随他余生的问题——移除两侧海马体导致了顺行性遗忘症（anterograde amnesia），也就是说，他对手术后发生的任何事件都无法形成新的记忆。海马体的缺失会导致严重的遗忘症，这一现象使得人们认为，这个脑区对学习和记忆至关重要。然而，我们很快就会看到，事情其实比这更复杂，因为布兰达·米勒（Brenda Miller）和其他心理学家发现，莫莱森并没有完全失去学习新事物的能力。相反，海马体的缺失只是影响了某些类型的学习和记忆。

在前一章我们看到，像狗和大鼠这样的动物可以使用多种学习策略来改变它们的行为。人类的学习也可以采取多种形式。然而，对人类学习和记忆的分类方法，与动物研究中用于描述不同学习策略的术语并不相同。造成这种差异的主要原因是人类拥有语言。人类可以用语言与他人分享他们的记忆，以及他们学到的东西。当然，我们并不能用语言表达记忆中的所有内容。因此，人类的记忆可以根据其内容是否可以用言语向他人描述分为两类。能用词语解释的记忆类型称为陈述性记忆（declarative memory）或外显记忆（explicit memory）。陈述性记忆可以进一步细分为情节记忆（episodic memory）和语义记忆（semantic memory）。情节记忆指的是一个人在特定地点、特定时刻所经历的特定事件，例如你昨天吃的早饭。相比之下，语义记忆是一种概念性的知识，不与任何个别事件相关联，比如你所在城市历史最悠久的餐馆是哪一家，这一知识就是语义记忆的一个例子。

与陈述性记忆相反，不能用语言表达而且无法被有意识地回忆的记忆称为程序记忆（procedural memory）或内隐记忆（implicit memory）。例如，学习骑自行车或弹吉他是通过反复试错来进行的，而由此产生的技能往往会持续很长时间，并且不容易忘却。然而，这些技能几乎不可能用语言来描述或解释。程序记忆的内容也很难逐条提取，它们往往作为一个整体被记住。程序记忆也被称为习惯（habits）。

米勒对莫莱森的研究结果表明，人脑中的确存在多个记忆系统，而海马体是一种特定类型记忆的基础。她让莫莱森执行各种学习任务，然后检验莫莱森学习表现的受损程度在所有这些任务中是否都一致。从这些研究中，米勒发现，莫莱森并未完全失去学习能力。尽管莫莱森无法形成新的情节记忆，他的程序记忆能力与正常人并没有什么不同。米勒用于检验莫莱森的程序学习能力的其中一个任务，是镜像描线任务（图7.3）。在这个任务中，被试者需要用笔描出某个几何

图 7.3　镜像描线任务示例

图形。假如被试者可以直接看到要画的形状和自己的手，这就毫无难度。然而在镜像描线任务里，被试者只能通过一面镜子看到自己的手。这样一来，因为镜子里手的移动方向和真实情况相反，事情就变得难多了，尤其是在最开始的时候。然而，如果被试者反复练习这项任务，速度和准确性会逐渐提高。假如莫莱森真的彻底失去了所有学习能力，他在该任务上的表现就只会原地踏步。然而，实际上莫莱森和其他健康被试者一样，在镜像描线任务上也随着反复训练而越做越好。虽然他彻底失去了情节记忆（也就是说他从来不知道自己曾经练习过这项任务），但他依然能学习利用镜子中的视觉反馈信息，描出一个新的几何图形，并且随着练习不断提高速度和准确性。这表明，情节记忆需要海马体的参与，但程序记忆并不需要。人脑中存在多个相互独立的记忆系统，这一发现对后来关于学习与记忆的神经生物学研究产生了深远影响。

如果说海马体对情节记忆至关重要，那么程序学习又是在哪里发生的呢？许多证据表明，一个称为基底神经节（basal ganglia）的脑区可能专门负责程序学习。这些证据中，有一部分来自训练大鼠完成T形迷宫任务的研究。正如我们在上一章讨论的那样，当大鼠接受训练，学会在T形迷宫中转向右侧时，一些个体学到的是向右转会得到食物（反应学习），另一些个体学到的则是房间里的哪个位置会有食物（位置学习）。1996年，马克·帕卡德（Mark Packard）和詹姆斯·麦克高夫（James McGough）发表了一篇引人瞩目的论文，表明这两种不同的学习策略依赖不同的脑区。他们使用了两组大鼠，分别将第一组的海马体和第二组的基底神经节去除，然后测试它们采用的学习策略是反应学习还是位置学习。他们发现，如果大鼠缺少了海马体，它们只能使用反应学习。与之相反，没有基底神经节的大鼠则使用位置学习来完成任务。换句话说，如果某只大鼠没有海马体，它仍然可以学习适当的运动反应，例如将身体转向右侧，但它无法习得食物的确切位置。相比之下，没有基底神经节的大鼠能够了解食物的位置，但不能学到完成目标所需的精确动作。这意味着位置学习和反应学习可能是分别依靠海马体和基底神经节来完成的。

海马体和基底神经节存在于包括人类和大鼠在内的所有哺乳动物的脑中。因此，我们可以合理地推测，这些脑区的病变所引起的学习和记忆障碍，以及由此产生的行为变化，在不同的哺乳动物身上应该是相似的。的确，在大鼠身上，反应学习会因基底神经节的病变而受损，却不受海马体病变的影响。而人类的程序学习与反应学习性质相似，因此当人类通过手术切除海马体（如莫莱森的病例）时，程序性学习也没有受到影响。相比之下，当人类患者具有基底神经节功能损伤（如帕金森病，Parkinson's disease）时，如果他们需要完成某些需要按顺序快速产生一系列动作的运动任务，反复练习并不能给他们的表现带来多大提高。这再次表明，基底神经节可能对程序学习十分重要。因此，海马体和基底神经节在功能上与不同学习形式之间的对应关系也许在不同种类的哺乳动物中是基本一致的。

陈述性记忆和程序记忆之间还有一个有趣的区别，就是由程序记忆主导的行为往往不太过脑子。在日常生活中，不同类型的行为控制方式会根据具体情况来回切换，这一过程偶尔也会掉链子，我们其实对这样的情况都不陌生。例如，在下班路上，我们原本想着要顺路在一家杂货店买点东西，结果注意力一分散就径直回了家，直到进了家门才想起买东西的事。这种情况之所以会偶尔发生，是因为我们的行为暂时被基底神经节掌控，它会促使我们按照一套习惯成自然的动作序列来行事。这其实跟在T形迷宫任务里依靠反应学习找到食物的大鼠没什么差别。要根据当前环境中与自身利益最相关的目标来选择适当的行为反应，而不是按习惯行事，我们也许非得用到海马体才能做到。

强化学习理论

人类和其他动物可以通过多种方式来学习。这表明可能有多个脑区分别参与了不同学习算法的实现。然而，这也使得理解不同的脑区如何参与学习过程，并找到记忆痕迹变得更为不易。为了促进我们对学习的脑机制的理解，我们需要一个严格的理论框架，以便于研究不同学习策略之间的异同。这样的理论框架可以启发我们设计新的实验，并且帮助我们解读这些实验的结果，从而深化我们对与不同类型学习相关的脑功能的认识。这就是我们现在需要讨论强化学习理论（reinforcement learning theory）的原因。

在第 2 章中，我们研究了为什么动物和人工智能机器人有必要计算效用。在大量可能的选项中，选出效用函数值最大的动作，这种选择机制使得决策者可以做出一致且理性的选择。但是，选择可能会随着经验而改变。这就意味着，各种选项的效用函数不是固定的。强化学习理论的目标正是要了解决策者如何利用经验对效用进行修改，通过这样的学习过程，使得基于效用函数的理性选择仍然可以产生最合意的结果。

效用理论和强化学习理论都旨在为研究决策提供一个数学框架，但它们是截然不同的学术传统的产物。效用理论来源于经济学，而强化学习理论主要出自研究动物智能的心理学家和研究机器智能的计算机科学家。这两种理论经常使用不同的术语。在效用理论中，所有选择都由代表不同选项合意程度的假设数值所决定，这样的假设数值称为效用，而在强化学习理论中，它称为价值（value）或价值函数（value function）。尽管如此，效用和价值的作用是类似的。就像经济学家假设决策者选择一个使效用最大化的行动一样，强化学习理论假设采取某个行动的概率随着该行动的价值函数而增加。两种理论中一个很大的不同点是对学习的处理。相对来说，经济学一直以来不太关心效用的起源，或者效用是如何习得的。在经济学中，任何假设的数值只要能在数学意义上解释一组选择，就可以视为效用。相比之下，心理学家更关心人类和动物如何通过学习修改价值，进而改变行为。与此相似，如何训练机器执行复杂任务也是计算机科学家的重要课题。在这种设定下，价值函数可以视为决策者对未来将获得的奖赏的一种主观估计。这些数量可以在经验中习得或刷新。

强化学习理论适用范围很广，可以用于我们所讨论过的所有类型的学习，其中也包括经典条件反射。为了解释在巴甫洛夫的实验中，狗分泌唾液的行为如何通过经典条件反射而改变，我们可以假设有两个独立的价值函数，分别对应于分泌唾液和不分泌唾液。狗分泌唾液的可能性随着前者的增加而增加，而随着后者的增加而减少。换言之，狗是否会分泌唾液只取决于这两个价值函数间的差异——如果分泌唾液的价值函数大于不分泌唾液的价值函数，那么狗就更可能分泌唾液。为了简化计算而不失一般性，我们不妨将不分泌唾液的价值函数设置为零，并且只允许分泌唾液的价值函数在整个条件反射实验中随时间变化。之所以能做这样的假设，是因为不分泌唾液的价值函数的增加等价于分泌唾液的价值函数的等量减少。在这一假设下，分泌唾液的概率完全取决于分泌唾液的价值函数；如果它是正的，狗就更倾向于分泌唾液；如果它是负的则相反。

在任何条件反射发生之前，未受过训练的狗不会因中性刺激而产生唾液分泌反应。因此，我们可以假设最开始分泌唾液的价值函数是负的。然而，由于原本中性的刺激反复同食物一起出现，所以在这一刺激逐渐成为条件刺激的过程中，分泌唾液的价值函数将逐渐增加。在强化学习理论中，价值函数的这种逐渐变化是由一个称为"奖赏预测误差"（reward prediction error）的量来驱动的。奖赏预测误差对应于动物预期得到的奖赏（或无条件刺激）与实际受到的奖赏之间的差异。只要有任何奖赏预测误差，价值函数就会改变。如果存在正的奖赏预测误差，表明动物获得的奖赏超出预期，那么价值函数将增加。这可以用以下法则表示。

新的价值函数 ← 老的价值函数 + α × 奖赏预测误差

系数 α 被称为学习速率，它决定奖赏预测误差被整合到价值函数中比例。例如，假设巴甫洛夫实验中使用的食物的主观价值为10，狗的学习速率是 0.2。当中性刺激（例如钟声）第一次出现时，对该刺激分泌唾液的价值函数为零，因为狗在受到该刺激之后并不认为会发生什么。因此，当狗第一次受到该中性刺激之后意外地获得食物时，奖赏预测误差将是 10。这样一来，价值函数现在将变为 2（=0.2×10）。由于从此以后该刺激与食物反复相继出现，唾液分泌的价值函数会逐渐增加，使得狗在该刺激发生后越来越可能分泌唾液。这种变化将一直持续到狗将该刺激和食物完全关联起来，奖赏预测误差变为零。现在，曾经的中性刺激现在已经成了条件刺激。

强化学习理论也可以用来解释操作条件反射过程中的行为变化。经典条件反射和操作条件反射之间的主要区别就在于哪一个价值函数受到奖赏预测误差的影响。在经典条件反射中，受影响的是条件反应（与无条件反应相同）的价值函数。以巴甫洛夫实验为例，由于唾液分泌是对食物的无条件反应，因此奖赏预测误差会导致唾液分泌的价值函数发生变化。相比之下，在操作条件反射中，奖赏预测误差修改的是动物得到意外奖赏之前刚刚产生的那个动作的价值函数。因此，以桑代克那只成功完成密室逃脱的猫为例，修改的是使得箱子解锁的那个动作（如拉动琴弦并按下杠杆）的价值函数。在成功逃脱后获得奖赏，这是一个正的奖赏预测误差。通过增加帮助自己成功逃生的动作的价值函数，猫会变得更善于从箱子中逃离。强化学习理论可以灵活地应用于广泛的行为，这使其成为一个强大而统一的学习理论。

快感化合物：多巴胺

强化学习理论不仅简洁地解释了学习行为，还有助于阐明与学习相关的脑功能。一个很好的例证是它能够解释多巴胺（dopamine）神经元的活动。多巴胺是脑使用的几种神经递质之一。然而，与更典型的神经递质（如谷氨酸，glutamate）和γ-氨基丁酸（gamma-aminobutyric acid，GABA））相比，多巴胺的性质略有不同。谷氨酸和GABA分别由兴奋性和抑制性突触使用，并且许多脑区（包括大脑皮层）的神经元都会释放这两种神经递质。然而，在哺乳动物的脑中，只有两个区域含有释放多巴胺的神经元：视网膜和脑干。后者的多巴胺神经元处于两个相邻的区域，称为腹侧被盖区（ventral tegmental area）和黑质（substantia nigra）。在视网膜中，人们普遍认为多巴胺在光适应中起重要作用，并且有助于防止感觉信号由于光强度太大而变得饱和。视网膜中释放多巴胺的神经元的作用基本局限在视网膜内，然而脑干的情况则大不相同——这里的多巴胺神经元把它们的轴突伸向脑的许多不同区域，覆盖了整个大脑皮层和基底神经节。因此，脑干中的多巴胺神经元可以向整个脑的各处释放多巴胺，研究显示这对学习和动机起到了多方面的作用。另外，多种精神和神经疾病中也有多巴胺的身影。例如，帕金森病的特征在于脑干中多巴胺神经元的丧失。有趣的是，有报道指出，帕金森病患者的视网膜中多巴胺的量也有所减少，这可能导致了这些患者的视觉功能损伤。还有人提出，多巴胺神经元的异常活动可能是精神分裂症（schizophrenia）某些症状的元凶。另外，成瘾性物质（如可卡因和安非他命）通常会提高脑中的多巴胺浓度。

多巴胺为什么会如此特别呢？沃尔夫拉姆·舒尔茨（Wolfram Schultz）在20世纪90年代进行了一系列实验，为我们了解多巴胺神经元的功能提供了重要的线索。这些实验表明，脑干中多巴胺神经元的活动与强化学习理论中的奖赏预测误差密切相关。他在实验中以果汁作为无条件刺激，并在电脑屏幕上显示各种视觉图像作为条件刺激，对猴子进行了经典条件反射的训练。然后，舒尔茨和他的同事使用微电极监测脑干中多巴胺神经元的动作电位。他们发现，当猴子在意料之外获得一滴果汁时，多巴胺神经元的活动会短暂地提高（图7.4 上部）。对这一现象的一种解释是，多巴胺神经元的功能相当于一个奖赏的探测器。然而，令人惊讶的是，在经典条件反射训练以后，获得奖赏时多巴胺神经元的反应大为降低。一旦猴子得知，特定的视觉图像预告了几秒钟以后果汁奖赏的到来，多巴胺神经元的活动在获得奖赏时就不再改变。相反，当猴子看到预告奖赏的视觉线索时，这些神经元的活动则会短暂提高（图7.4 中间）。基于这些结果，奖赏探测器的解释就站不住脚了。一种更合理的解释是，多巴胺神经元的活动也许代表了奖赏预测误差。也就是说，在条件反射的训练之后，它们不再对果汁奖赏有反应，因为现在通过条件刺激就能完全预测果汁的到来，这种情况下奖赏预测误差为零。

假如在经典条件反射训练以后，意料之中的奖赏没有出现，那又会怎么样？根据条件刺激预测的奖赏没有出现，会产生负的预测误差。因此，如果多巴胺神经元的活动的确反映奖赏预测误差的话，那么当这种情况发生时，它的活动应该减少。这正是舒尔茨所观察到的（图7.4 下部）。这些结果表明，由多巴胺神经元产生的动作电位的数量并非简单反映动物是否获得了奖赏或其大小。相反，多巴胺神经元的活动代表了奖赏预测误差。舒尔茨、彦坂兴秀（Okihide Hikosaka）和杰弗里·肖恩鲍姆（Geoffrey Schoenbaum）等人的后续研究进一步表明，多巴胺神经元的活动不仅在经典条件反射中表示奖赏预测误差，在操作条件反射中亦是如此。因此，多巴胺神经

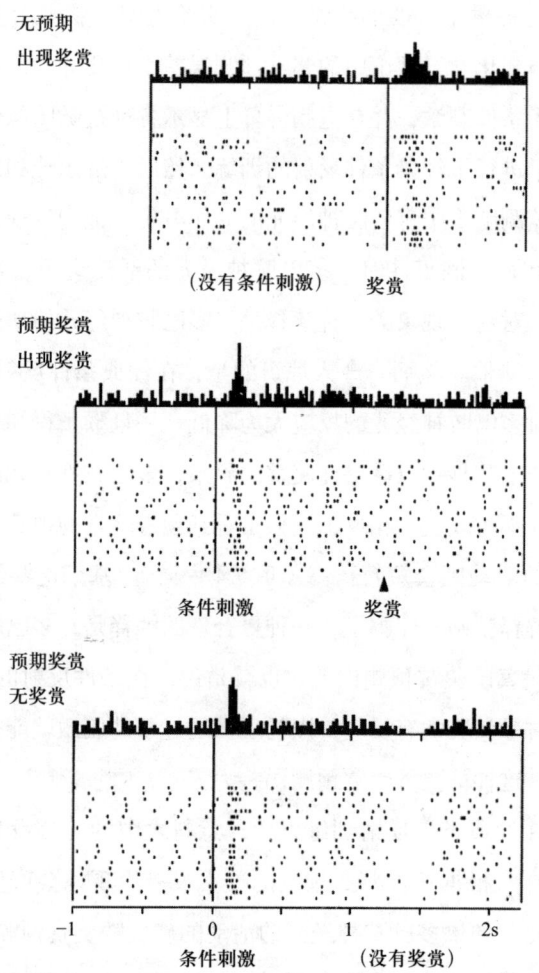

图 7.4 多巴胺神经元的活动与奖赏预测误差有关。各图中的直方图和栅格图分别显示了多巴胺神经元的平均活动和在每轮实验中的活动。上：多巴胺神经元对意料之外的奖赏（R）产生瞬时活动响应。中：当条件刺激（CS）预告奖赏将要到来时，多巴胺神经元会在 CS 出现后产生瞬时效应，但是在奖赏出现后则无反应，与正奖赏预测误差相一致。下：当 CS 出现后奖赏并未如期出现时，多巴胺神经元的活动会受到抑制，与负奖赏预测误差相一致。引自 Schultz W，Dayan P，Montague PR（1997）"A neural substrate of prediction and reward." *Science 275*：1593-1599（原文图 1）。版权由美国科学促进会所有（1997），经许可转载

元参与了多种类型的学习。

通过解剖学研究，我们能够了解多巴胺神经元的轴突末端在脑中是如何分布的。这些研究的结果进一步加深了我们对多巴胺在不同类型的学习中的作用的认识。尽管多巴胺神经元的末端遍布大脑皮层各处，但它们在基底神经节中最为集中。具体来说，基底神经节中有一个部分称为纹状体（striatum），它接收来自皮层的输入，而多巴胺神经元伸向此处的轴突末端也是最多的。这表明，在根据多巴胺编码的奖赏预测误差信号来更新不同动作的价值这一过程中，基底神经节可能起到了重要的作用。想象一下，假如实验人员总是把食物放在T形迷宫的右侧。在学习过程中，每当大鼠在T形迷宫中正确地向右转，然后发现食物奖赏时，就会有正的奖赏预测误差，这也同时带来了纹状体中多巴胺的释放。该过程可能会逐渐改变皮层（突触前）和纹状体（突触后）神经元之间突触的权重，动物选择的动作（向右转）的价值也由此发生相应变化。这是反应学习的一种可能的机制，而且也能解释为什么当基底神经节受到损伤时，动物会转而进行位置学习。

如果多巴胺神经元能向整个脑传播奖赏预测误差信号，这也就能够解释毒品为什么会有成瘾性。几乎所有成瘾物质，包括尼古丁和阿片类药物在内，都会增加脑中的多巴胺水平。如果脑将多巴胺释放解读为奖赏预测误差，那么摄入成瘾物质之前的行为的价值就会增长，从而使人更可能在未来想要继续进行相同的行为。比如，假设某个吸烟的人在他办公室桌子的第二个抽屉里存着香烟。如果他从那儿拿出烟来吸，他脑中的多巴胺水平就会随之增加，基底神经节自然也是如此。这就会使得打开该抽屉这一动作（以及之后所有与吸烟有关的行为）的价值增加。他以后再回到这个办公室，看到同一张桌子时，他会更容易重复相同的行为。

虽然多巴胺在正常的学习和在摄入成瘾物质时都可能会释放，但是两者的结果有着天壤之别。这是因为，在正常学习期间自然产生的奖赏预测误差与成瘾物质人为产生的奖赏预测误差之间存在重要的区别。在学习期间，奖赏预测误差表明动物个体需要调整关于其行为的结果的期望。因此，随着动物个体渐渐熟悉环境，学到了适当的行为反应，奖赏预测误差就会逐渐减少。相比之下，成瘾性药物绕过了学习过程中正常的脑功能，使得多巴胺在每次服用此类药物时都会被释放。因此，即便成瘾物质的使用者已经完全了解服用特定药物会产生快感，药物导致的多巴胺释放量也不会减少。这也许是成瘾物质极难戒断的原因之一。

强化学习与知识

在上一章里，我们讨论了一系列实验证据，这些证据表明大鼠可以表现出潜在学习的行为特征，即在没有任何强化物的情况下能够获取关于所在环境的知识，并在以后使用该知识指导其行为。强化学习理论可以使用"心理模拟"（mental simulation）的概念来解释该现象。在心理模拟过程中，动物可以基于它们对环境的了解来预测各种行为的假想结果，并将这些假想结果与先前预期的结果进行比较，从而调整相应行为的价值。举一个简单的例子，想象一下你从早间新闻中了解到，你通常乘坐的地铁路线由于一起事故暂停运行。如果你不用去地铁站就能立即改变行动方案，乘坐公共汽车或出租车去上班，那么这必然是心理模拟的结果。假如你只有在经历了真实的奖赏预测误差后，才能对不同行为的价值做出更新的话，那么事故的新闻就不会影响你当前的行动，这样一来你还是会按原计划前往地铁站，直到发现无法乘坐地铁，才会改变出行计划。相比之下，心理模拟能让你预见到这一不当行为的结果。因此，仅仅通过对该行动的结果进行心理模拟，前往地铁站这一行动的价值就能被降低，从而使你无须直接体验任何负面结果就能寻求其他行动。

如果没有了心理模拟，任何有关新环境的知识对决策者来说都毫无用处，因为这意味着这些知识不能对行动产生影响。在强化学习理论中，通过心理模拟和先前获得的知识来调整决策策略的过程称为"基于模型的强化学习"（model-based reinforcement learning）。相比之下，没有用到心理模拟的学习过程，如在简单的经典和操作条件反射下观察到的行为，被称为"无模型的强化学习"（model-free reinforcement learning）。

基于模型的强化学习可以解释T形迷宫中大鼠的位置学习。当一只大鼠被反复放置在同一个T形迷宫里，并且每次都在向右转弯后获得食物奖赏时，无模型的强化学习会逐渐增加向右转的价值。如果实验人员后来改变了迷宫在房间内所处的位置或方向，那么完全依赖无模型的强化学习的大鼠将继续向右转。这对应于反应学习。然而，在学习过程中，大鼠可能也会学到迷宫与房间内各种地标之间的空间关系。此后，当实验人员移动或旋转迷宫时，大鼠可以通过对两种运动反应进行心理模拟，预测向两个方向转弯后可能会分别获得什么结果。虽然向右转曾经带来合意的结果，但心理模拟会迅速提高向左转的价值，这也就产生了与位置学习一致的行为。因此，尽管基于模型的强化学习依靠看似麻烦且耗费时间的心理模拟，但它能让动物避免不必要的摸索和试验过程，这在它们所处的环境发生突然变化时尤为重要。如果动物拥有关于新环境的准确信息，它们可以使用基于模型的强化学习更快地适应环境，这比仅仅依靠无模型的强化学习有效率得多。

基于模型的强化学习还有一个重要的优点，就是当动物的内部生理需求（如口渴和饥饿）发生变化时，它能允许动物在无须反复尝试的情况下灵活地调整行为。例如，在上一章讨论的斯宾塞和利比特的Y形迷宫实验中，所有的大鼠起初都获得了关于食物和水在什么位置的知识，但在后来它们根据自己是饥饿还是口渴做出了不同的选择。这意味着，不同的运动反应的价值是在做选择的时候根据动物自身的生理状况分别计算的。试想一下这样的情况，一只大鼠最初在饥饿状态下探索迷宫，并且发现水在迷宫左侧，而食物在右侧。对于它来说，选择迷宫右侧的价值将比选择左侧的价值得到更大的增长。现在，假如它完全依赖无模型的强化学习，即使后来它变得口渴但不饥饿，它也至少会选择再回到迷宫右侧一次。这是因为在无模型的强化学习中，不同行为的价值完全由先前的直接经验决定。当它到达有食物的位置，却因为自己并不饥饿而对找到的东西感到失望时，它将体验到负的奖赏预测误差。直到这时，选择迷宫右侧的价值才会减少，在下一次实验中它才可能转而选择左侧。相比之下，能够进行心理模拟的动物可以省去这样的试错过程，直接更新其价值函数，并在第一轮就直接选择能获得水的行动。如果动物只有一次机会做出这样的选择，那么只有具备基于模型的强化学习能力的动物才能获得所需的结果。

基于模型的强化学习的优势在于可以在没有真正的强化物或惩罚的情况下对行为做出适当的改变。因此，人类的许多行为都建立在基于模型的强化学习的基础上也就没什么稀奇的了。然而，基于模型的强化学习所需的心理模拟有可能非常耗时，这种在时间和效率上的成本，对动物来说是不可忽视的代价，在某些极端情况下甚至可能是致命的。如果我们有足够多的信息，并且有足够长的时间来运行所有必要的模拟，从而准确地估计不同行为的结果，那么基于模型的强化学习能够产生更理想的结果。不然的话，无模型的强化学习也许是更合理的策略。一旦观察到先前选择的动作的结果，无模型的强化学习立即就能更新不同动作的价值，因此在决策时所需的计算量很小。这就使决策者可以更快地选择他们的行动。如洗澡和搞卫生这类经常重复完成的任务往往是通过无模型的强化学习获得的习惯行为。如果我们必须使用心理模拟和基于模型的强化学习来完成所有任务，生活将变得极为累人，因为随着心理模拟的复杂度的增加，脑需要消耗的能量也会大幅提高。

在无模型和基于模型的强化学习之间，还有另一个重要的区别值得强调。在无模型的强化学习中，我们只有在观察到某个动作的结果时，才需要对该动作的价值进行更新。相比之下，基于模型的强化学习的威力完全取决于决策者对环境的了解有多完整和准确。因此，要进行成功的基于模型的强化学习，我们就必须永不停歇地获取和修正关于环境的知识。很多时候，我们并不总能预知，环境中发生的哪些事件或变化会在将来与自己有关。像洗澡这样的简单任务，无模型的强化学习可以轻易胜任，然而对环境中看似微小的变化（如浴缸中微小的裂缝）的观察可以在基于模型的强化学习中发挥重要作用，并可能帮我们避免一场不愉快的意外。从本质上说，Y形迷宫中的大鼠也面临同样的问题。它们能够根据其生理需要，在食物和水之间做出适当的选择，正是因为在此之前它们采集并存储了两者的位置信息，即便当时这些信息并没有直接的用处。即使现在只靠无模型的强化学习也可以解决眼前的问题，当环境发生变化时，不及时更新关于环境的知识是一种目光短浅的行为。

后悔与眶额叶皮层

法国哲学家布莱兹·帕斯卡（Blaise Pascal）说过："人不过是一根芦苇，是自然中最柔弱的东西，然而他是一根会思考的芦苇。"如果用强化学习的语言，这句话的意思就是：基于模型的强化学习和心理模拟在人类身上永不停息。我们从不停止获取关于环境的新知识，并且一直根据来自环境的新信息进行各种心理模拟。即使现实中没有奖赏预测误差，我们也会根据假想的奖赏预测误差不断调整各种行为的价值。例如，一天的辛苦工作之后，在回家的路上你突然想起要与朋友会面，因此决定改道前往你最喜爱的酒吧。这一行为可以通过依靠假想的奖赏预测误差对回家和去酒吧两者的价值进行的修正来解释。在心里对去酒吧的结果进行模拟，会在假想中产生正的奖赏预测误差。实际上，我们内心所有的想法都可以看成是为了基于模型的强化学习而进行的心理模拟。

心理模拟在决策中的重要性不容忽视。尽管如此，就像再好的东西吃多了会有害处一样，心理模拟过头了也可能会干扰最优的决策。例如，我们时常会反思自己过去的行为，也许还会对其中一部分感到后悔。反思过去的行为有助于我们在未来做出更好的决定，但如果后悔情绪太多则可能会损害心理健康。做过的事无法逆转，说过的话不能收回。在强化学习理论中，当你的行为的实际结果比起假若采取不同的行动可能得到的假想结果更糟糕时，在心理模拟时就会感到遗憾（regret）。有时候，也可能会发生相反的情况。也就是说，通过心理模拟，你也许意识到你的行动的实际结果确实比你可能从别的行动中获得的假想结果来得更好。这称为宽慰（relief）。

在强化学习理论中，后悔和失望（disappointment）有着明确的区别。在无模型的强化学习中，当存在负的奖赏预测误差，即实际结果比根据先前经验预期的差时，便会产生失望。当然，也会存在相反的情况，即当实际结果优于预期时，此时的正奖赏预测误差称为欢欣（elation）。欢欣和失望指的是在无模型的强化学习中的正、负奖赏预测误差。与之相反，后悔和宽慰则是在基于模型的强化学习中才会产生的现象。

后悔是一种奇怪而复杂的情绪，其真正的功能和好处并不显而易见。即使我们知道后悔并不能改变我们做过的事情的结果，许多人仍旧因后悔而承受了极大的痛苦，因为我们无法克制自己不去想象，我们本可以做得更好从而避免已经发生的负面后果。如果我们从基于模型的强化学习的角度来看，就能更好地理解这样的现象了。我们作决定时，往往并不具备足以判定哪种行为一定会产生最佳结果的信息。不同的行动各自会产生什么结果，几乎总会存在一些不确定性。许多对决策至关重要的信息往往只能在采取行动之后才能获得，而这正是我们可能会感到后悔或宽慰的时候。后悔和宽慰是心理模拟的结果，因此这意味着我们进行了基于模型的强化学习。人类经历的后悔和宽慰并不是因为我们不理解过去的行为无法撤销。相反，这些情绪很常见，因为人类不断参与基于模型的强化学习，以改善我们未来的行为。

尽管人们尚不完全了解与后悔相关的认知和情绪过程在脑中是如何发生的，但2004年发表的一项重要研究表明，眶额叶皮层（orbitofrontal cortex，OFC）与后悔密切相关。眶额叶皮层是前额叶皮层的一部分，位于人脑的最前方。几十年来，人们普遍认为前额叶皮层在与思想和情绪相关的许多高级认知过程中起着重要作用。虽然前额叶皮层可以根据解剖学和功能进一步划分为几个主要部分（包括眶额叶皮层），但这些部分的精确功能仍不明确。在2004年发表的这篇论文中，科学家们研究了一组因为发现了癌性脑组织而切除了眶额叶皮层的患者的选择行为（图7.5）。在此研究中，研究者专门设计了一个赌博任务，用来测试患者和眶额叶完好的对照组的选择和情绪如何受到假想收益和后悔的影响。在实验的每一轮，电脑屏幕上会显示两个圆形目标，被试者必须选择其中一个（图7.5）。每个目标分别用不同颜色表示两个不同的数值分数，以及它们发生的概率。例如，

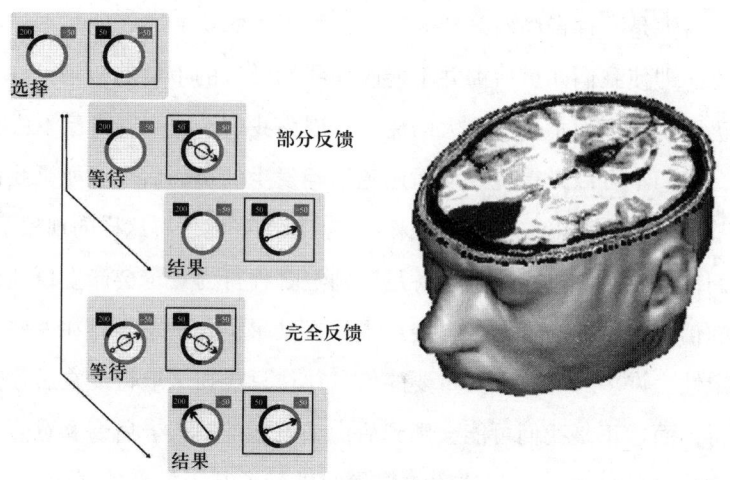

图 7.5 用于研究后悔对决策的影响的行为实验任务（左）和眶额叶皮层（右）。引自 Camille N，Coricelli G，Sallet J，Pradat-Diehl P，Duhamel JR，Sirigu A（2004）"The involvement of the orbitofrontal cortex in the experience of regret." *Science 304*：1167-1170（原文图 1、图 3）。版权由美国科学促进会所有（2004），经许可转载

在图 7.5 中，左侧目标表示，如果选择了该目标，会有 20% 的概率赢得 200 分，80% 的概率损失 50 分，而右侧的目标则会以相等的概率（50%）带来 50 分的收益或损失。一旦参与者做出了选择，一个箭头就会出现在目标中心并开始旋转，箭头最终停下来的位置将决定这一轮赌博的结果。

这个实验包括两个不同的实验条件。在"部分反馈"条件下，参与者做出选择之后，箭头只会出现在被选择的目标内，因此每轮结束时，被试者不会知道他如果选择另一个目标能获得多少分。而在"完整反馈"条件下，箭头会在两个目标中都出现，因此被试者不仅会得知他们选择的目标产生了什么结果，而且还会知道未选择目标的结果。在这两种实验条件下，两个目标的结果在选择之前都是未知的，因此每一轮都会有奖赏预测误差，被试者会经历失望或

欢欣的情绪。然而，在完整反馈条件下，被试者还能了解到关于假想的奖赏预测误差的信息，因此还会产生后悔或宽慰的反应。该实验的被试者还需要在每一轮结束后报告他们的情绪，研究人员分析了这些报告，以研究被试者的情绪会如何受到真实以及假想的奖赏预测误差的影响。

切除眶额叶的患者和正常被试者的报告均显示，他们做出的选择带来的负奖赏预测误差越大，他们的情绪就变得越糟糕。这表明失望也许并不太依赖眶额叶皮层。当存在遗憾（即未被选择的目标的假想结果优于他们选择的实际结果）时，正常被试者的报告也显示他们体验到了更多的负面情绪。换言之，假想中的负奖赏预测误差也是让正常被试者厌恶的。相比之下，切除眶额叶皮层患者的情绪不受假想结果的影响——即便他们得知未选择目标的假想结果优于他们选择的结果，他们也不会体验到负面情绪。因此，这些结果意味着，在根据有关假想结果或后悔的信息来进行情绪调节方面，眶额叶皮层可能发挥了重要的作用。

观察特定脑区损伤后行为和心理上的变化，能让我们大大加深对不同脑区如何对认知的各个具体方面做出贡献的认识，正如莫莱森的案例为海马体和情节记忆之间的关系提供了重要的线索。而上面提到的关于眶额叶皮层在后悔中的作用的研究，又是另一个很好的例证。然而，只靠对脑损伤和病变的研究来理解脑的功能有很大的局限性，因为它们无法帮助我们知道，特定的认知功能是如何在正常的脑组织中实现的。比如，如果你在晚上切断电源，整个屋子就会陷入一片漆黑，这表明屋子里的照明需要电力。然而，这种方法不会告诉我们，灯泡如何将电能转化为光能。与此相似，病变研究或脑损伤研究可以佐证眶额叶皮层可能参与了与后悔相关的情绪和认知过程，但它们并不能在本质上揭示眶额叶皮层究竟有什么与后悔相关的具体功能。我们已经知道，单个神经元之间利用动作电位交换信息，假如我们能够监测人的眶额叶皮层中各个神经元的动作电位，那将极大推动这个问题的研究，然而这样的实验目前在健康被试者身上无法做到。正如我们在第 2 章里讲过的，有两种替代方法可以克服这一局限。一种是使用功能核磁共振来研究人脑的功能，另一种是在动物模型中采取更具侵入性的方法，例如单神经元记录技术。事实上，使用这些替代方法的其他研究表明，眶额叶皮层中的神经活动的确与未被选择的选项产生的假想结果有关。

在其中一项功能核磁共振研究中，科学家使用了与前面用来研究切除眶额叶皮层的患者相同的赌博任务，并发现在部分反馈条件下，眶额叶皮层中的 BOLD 信号不太会受到选择结果的影响。即使在完全反馈条件下，如果被试者选择的结果优于预期结果，眶额叶皮层的活动也没什么变化。然而，当未被选择目标的假想结果优于所选目标的结果时，眶额叶皮层的活动会增加（彩图 7.6A）。这表明，眶额叶皮层可能参与了实际和假想结果之间的比较。

后悔神经元

上述对眶额叶损伤患者和功能核磁共振实验的研究结果表明，眶额叶皮层的功能可能在与后悔和基于模型的强化学习相关的认知过程中起到重要作用。为了更直接地检验这些实验结果如何与眶额叶皮层中单个神经元处理的信息类型相关联，我在耶鲁大学领导的研究组利用实验手段，研究了猴子在与电脑进行一个虚拟的石头剪子布游戏时，眶额叶皮层中神经元的活动。石头剪子布是一种竞争性博弈，需要参与者以社会互动的方式进行决策，我们在下一章中会对此进一步展开讨论。在日常生活中，人们经常采用这一游戏来随机选出一名获胜者。在实验经济学或心理学的实验室中，这个游戏可以用来研究强化学习和社会推理的动态变化过程。由于要训练动物通过手势来表明自己的选择非常困难，我们决定改为训练它们用眼动来出招，和电脑对战。

在每一轮实验中，我们在电脑屏幕上向猴子显示一组三个绿色目标，并要求它们将目光转向其中一个目标（彩图7.6B）。这三个绿色目标分别代表石头、布和剪子。同时，电脑通过分析猴子在过去若干轮的选择和结果，预测猴子最可能出什么招。例如，如果猴子常常连续几次出石头，并且如果它刚刚在上一轮里出了石头，那么电脑就会预测它会再次出石头。电脑会根据这一预测来做合理选择，就仿佛它是猴子在游戏中的对手一样。也就是说，如果电脑预测猴子会出石头，那么它就会出布。要是它预测猴子会出布，它会出剪子，以此类推。因此，假如猴子的出招有规律可循，就可能会被其电脑对手利用。例如，如果猴子总是选择剪子，那么一旦电脑发现了这一规律，猴子就会一直输掉。因此，这样的电脑程序会促使猴子尽量不让电脑猜到它的选择。

在我们的实验中，如果猴子和电脑打成平手，它会获得一滴果汁。如果猴子输了，就什么也得不到。在标准的石头剪子布游戏中，无论玩家出什么招，获胜的回报都是相同的。在我们的实验中，我们对此做了些改变，使得不同的选择在获胜时会带来大小不一的奖赏——猴子在出石头、布、剪子并获胜时会分别赢得2、3、4滴果汁。这就使得两个数量会在实验的各轮次中不断变化：一是猴子在获胜时得到的实际奖赏的大小，二是在平局或告负时，假如当初出的是其他招，会获得多大的奖赏。因此，我们便可以考察眶额叶皮层神经元的活动会如何随着这两个数量的变化而变化。猴子又从何得知各个选择可能带来的奖赏大小呢？在它做出选择后，每个选项的颜色会发生变化,这代表了各自可获得的奖赏大小。

这个实验的第一个目的,是测试猴子是否可以学到在这个游戏中合理运用基于模型的强化学习,并表现出任何后悔的迹象。当我们分析猴子的选择如何在实验的不同轮次间变化时,我们发现,它们在获胜后往往会重复该选择。比如,如果它们出了石头以后获胜,它们下一轮就更有可能再次出石头。这没什么好奇怪的,无模型的强化学习恰恰预测了这样的行为模式。一个更有趣的问题是,它们在平局或告负之后的表现。例如,如果猴子在出了剪子后,因为电脑选了石头而输了,它下一轮会出什么?完全依赖无模型强化学习的动物会减少再次选择剪子的可能性,但在石头和布之间无所谓。然而,如果动物用的是基于模型的强化学习,那么在下一轮它就更可能会出布,而不是石头,因为如果这一轮里它出的是布的话它就赢了。事实上,我们发现猴子的选择与基于模型的强化学习是一致的。这表明猴子不仅能够评估其选择的真实结果,还可以评估未被选择的行动可能带来的假想结果。当猴子们发现结果本来可以更好时,它们也可能会对自己的行为感到后悔。

我们实验的第二个目的,是了解眶额叶皮层中单个神经元的活动是否与后悔和基于模型的强化学习有关,如果是的话,具体的关系是怎样的。阿部央(Hiroshi Abe)博士当时是我研究组的一位博士后研究员,他记录了猴子在和电脑玩石头剪子布时,眶额叶皮层中单个神经元的动作电位。他发现眶额叶皮层中的神经信号确实与后悔有关。正如我们能根据之前的研究预期的那样,眶额叶皮层中许多神经元的活动会根据猴子预期的奖赏大小有规律地改变,这表明它们可能参与了对效用的计算。更有意思的是,在猴子输了或平局后,眶额叶皮层中的许多神经元也会根据另一个未被选择的行动会获得的假想奖赏而改变其活动。这些结果意味着,眶额叶皮层可能会分析当初未选择的其他行动会带来怎样的结果,从而促进基于模型的强化学习。

我们在这一章里指出,灵长类动物的脑的多个区域参与了各种类型的强化学习。通过强化学习理论,我们区分和界定了学习过程中涉及了哪些关键变量,以及它们是如何计算的。在探寻人和动物的不同脑区分别参与学习过程中的哪些计算时,这些理论知识起到了不可或缺的作用。然而,强化学习理论本身并不足以解释脑在不同物种间尺寸和形态上的多样性。即使在哺乳动物中,在考虑到物种间躯体大小差异的前提下,人类和其他灵长类动物的脑仍比别的哺乳动物大得多。所有哺乳动物的脑都是学习机器,而包括啮齿类动物在内的许多哺乳动物都能进行基于模型的强化学习。因此,为什么较大的脑会给人类和其他灵长类动物带来更多益处,也许还有其他原因。许多学者认为这可能与灵长类的复杂社会结构有关。在下一章里,我们将研究社会决策问题的本质,以及这可能以什么方式促进了社会化的脑的进化历程。

第 8 章

社会智能与利他主义

Chapter 8　Social Intelligence and Altruism

在人类社会中,合作往往比自私自利会产生更好的结果。了解基因如何促使脑与其他个体的脑进行合作,对于在社会生活中避免不必要的冲突,提高生活质量,具有重要意义。

我们每天都面临着无数的选择。有些选择相对简单,我们处理起来毫不费力,例如早上在衣橱里挑一双袜子。有些选择则难多了,例如择偶或择业。有些时候,你甚至都不知道是否真的有一个"正确"的选择。而且,这些困难的选择通常发生在社会情境之中,这正因为我们人类是一种社会动物,做的大部分决策都是社会性的。如今我们生活中面临的一些难题——例如寻找可再生能源以及攻克癌症——需要通过更先进的科技来解决,我们的生活质量也会在科技发展的过程中进一步提高。然而,一方面,不是所有的问题都能通过技术来解决;另一方面,技术进步未必能一下子满足所有有需要的人，这意味着人类不得不决定如何分配这些新技术（如新的能源和医疗手段）的成果。这些选择非常困难，而且完美的解决方案甚至可能都不存在。

到底是什么使社会决策变得如此困难？在个人决策——如独处时听什么音乐——中，你的选择会发生什么后果，跟他人的行为无关。相比之下，在社会决策中，你的决策的结果不仅取决于你自己的行动，还取决于他人怎么做。因此，为了获得最优结果，你就必须能准确预测他人的行为。然而，正如你会尝试预测他人的行为一样，其他人也会尝试预测你的行为。这种相互揣测的过程，使得做最优社会决策比起个人决策来，要艰难得多。

举个简单的例子，让我们来想象两个人在玩石头剪子布。我们都知道，如果一个人出剪子，在对方出布、剪子、石头的情况下，他的结果分别是赢、平手、输。那么，试想其中一个人宣称，他将会出剪子，这时对手应该选择相信，并且出石头，还是应该疑心有诈，偏不出石头呢？当这种互动反复出现几次之后，想通过某人发出的信号来揣测其意图会变得更难，因为对方有机会为了自己的利益，使出更多法子来影响他人的行动。例如，如果两个人反复玩石头剪子布，那么他俩都会尝试根据对方以往的行为来预测其选择。一旦他们从对手过往的选择或者其他信号（如语言、表情、身体动作等）中找到某种规律，就有可能对这种规律加以利用，做出对自己有利的选择。然而，最终会发生什么仍然难以预测，因为每个人都会试图预测其他人的下一步行动。假设在上一轮游戏里，你出了石头，对手出了布，因而你输了。假如你的对手是在使用上一章介绍的无模型强化学习来调整其策略的话，他也许更有可能再次选择出布。这样一来，你就应该出剪子，赢面才最大。但是，如果对手已经预料到了你这样的推理过程，那么他就会选择出石头来应对你的策略。你也可能会预见到这一点，因此改成出布。这种迭代推理（iterative reasoning）可以无休止地继续下去。在一部老电影《公主新娘》（*The Princess Bride*）里，一个名叫维兹尼（Vizzini）的角色与对手斗智，正好就表现了这种情况。维兹尼为了猜测对手在两杯酒中的哪一杯下了毒，进行了下面的推理：

> 这太简单了，我只需要根据对你的了解来推断一下就行。你到底会把下了毒的酒放在自己面前，还是给我？一个聪明人会把下了毒的酒留在自己那边，因为他知道，只有傻子才会想都不想，就把自己眼前的酒给喝了。我可不傻，所以我显然不能挑你跟前那一杯。但你肯定也知道我不是个傻子。你可巴不得我就像刚才说的那么做了，所以我显然也不能挑我这边的酒。

维兹尼究竟应该如何选择？反复玩石头剪子布的时候，有没有一种正确的出招策略？即使是像石头剪子布这样相对简单的社会决策，我们也需要一种更规范、更有逻辑的方法来确定什么是最优策略。我们将在本章中向大家介绍博弈论，它源于经济学和数学，是一种用于分析社会决策的理论方法。博弈论不仅在经济学中对关于竞争性互动的研究很有用处，而且还能告诉我们，人们为何能抑制自私的冲动进行合作，甚至在试图解决复杂社会问题时以利他主义的方式来行事。因此，博弈论会帮助我们理解，自私的基因如何最终产生能够做出无私举动的脑。

博弈论

博弈论是一门运用数学方法研究社会决策的学科，起源于1944年约翰·冯·诺伊曼和奥斯卡·摩根斯特恩（Oskar Morgenstern）

共同编著的《博弈论与经济行为》一书。博弈论通常使用决策树（decision tree）或收益矩阵（payoff matrix）来描述一个决策问题（图8.1）。博弈中的各个决策者都称为选手（player），每个选手的选择称为策略（strategy）。总的来说，策略是与不同的行动相关联的一组概率。例如，在石头剪子布游戏中，"总是选择石头"这一策略就对应于选石头、剪子和布的概率分别为1、0、0。如果一个策略选择某个选项的概率为1，而选择所有其他选项的概率为0，那么该策略就称为"纯策略"（pure strategy）。相比之下，如果一个策略中，有多个选项的被选概率都大于0，该策略便是"混合策略"（mixed strategy）。由冯·诺伊曼和摩根斯特恩提出的博弈论理论体系通常称为经典博弈论。经典博弈论假设所有选手对决策树或收益矩阵都是完

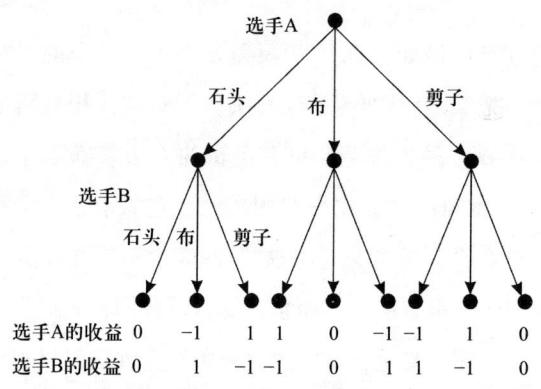

图8.1 石头剪子布游戏可以用决策树（上）或收益矩阵（下）来表示。矩阵每个方格中的两个数字分别表示选手1、选手2的收益

全了解的,并以最大化各自的效用作为决策的目标。因此,博弈论旨在理解这种理性和自利的决策者应该如何行事。

让我们用博弈论分析一下石头剪子布游戏。石头剪子布是零和博弈(zero-sum game)的一个范例,而零和博弈是很好的研究竞争性社会互动的模型。在零和博弈中,无论是什么策略,所有选手的收益总和总是为零。这就意味着,如果你要最大化自己的收益,你就必须最大限度地减少其他人的收益总和。倘若所有选手收益的总和不是零,而是某个零以外的常数,也是同理。因此,零和博弈通常也称为"常和博弈"(constant-sum game)。我们在前面已经讨论过,试图通过迭代推理来找到石头剪子布的最优策略必定徒劳无功,因为这是个没完没了的连环套。博弈论从一个不同的角度来解决这个问题。首先,它把单个选手的最佳响应(best response)与所有选手的最优策略(optimal strategy)明确区分开来。最佳响应指的是,针对同一博弈中所有其他选手选择的策略,一个选手的所有可能策略中能使他效用最大化的那一个。例如,如果你的对手总是选择石头,你的最佳响应就是一个总是选择布的纯策略。相比之下,所有选手的最优策略则要求所有选手的最佳响应是相互对应的。例如,如果你总是选择石头,而你的对手总是选择剪子,那么你的策略是对对手策略的最佳响应,然而对手的策略并非对你的策略的最佳响应。因此,这也不是你们两人作为一个整体的最优策略。在石头剪子布里,只存在一种最优策略,这就是以相同的可能性选择石头、剪子和布的混合策略,即选择任一选项的概率均为 1/3。

石头剪子布的最优策略具有一些有趣的属性。首先,如果你使用该最优策略,那么无论对手采用何种策略,你赢、输和平局的概率都是 1/3。也就是说,只要你出石头、剪子或布的概率相同,无论你的对手是否也在使用最优策略,不同结果的发生概率都不会改变。其次，即便你向对手宣告了你的真实策略，结果也不会改变。如果你不采用最优策略，例如选择石头的概率高于 1/3，那么你应该尽量不要让对手发现，因为他可能会利用这一点。但是，如果你选石头、剪子或布的概率相同，对手即使知道了，也无法做出对你不利的调整。

博弈中选手或者行动的数量并没有限制，因此不同的博弈有无限多种。另外，有些博弈只进行一次，因而称为一次性（one-shot）博弈，而任意的一次性博弈反复进行多次，就成了一个新的重复博弈。这就出现了一个有趣的问题：所有博弈都有最优策略吗？像石头剪子布这样的简单博弈具有最优策略，并不意味着所有博弈也都如此。这一深刻问题的答案是由一位名叫约翰·纳什（John Nash）的数学家找到的，他正是电影《美丽心灵》中的主角。他在 1950 年发表的一篇论文中，用数学方法证明了所有博弈都有最优策略。换句话说，无论一个博弈有多复杂，对于所有选手整体来说，都至少有一套最优策略。为了纪念纳什的这一成就，人们将一种类型的最优策略称为纳什均衡（Nash equilibrium）——在纳什均衡中，每个选手都选择了对其他人策略的最佳响应。

博弈论已死？

许多如战争、环境污染等长期困扰人类社会的问题，根源其实都在于社会的各个成员之间无法有效处理社会决策问题。博弈论以数学方法分析社会决策，因而当纳什证明所有博弈都有均衡和最优策略时，许多社会科学家为之欢欣鼓舞，认为这为我们寻找各种社会问题的解决方案奠定了坚实的基础。然而，并非每个人都如此乐观。后来，许多行为科学家渐渐发现，博弈论并不总能很好地预测真实世界中人的行为，因而对博弈论又迅速失去了信心。有一种称为囚徒困境

（prisoner's dilemma）的博弈，充分展现了博弈论的均衡与人类行为之间的显著差异。

囚徒困境描述的是这么一个场景：警察或检察官分别在两个房间里询问两名嫌疑犯。尽管检察官认为这两名嫌疑犯合谋犯下了一项重罪，但是他们目前掌握的证据还不足以使这两人都得到严厉的刑罚。因此，检察官分别向这两名嫌疑犯提出了如下交易。首先，如果两名嫌疑犯都继续保持沉默、否认控罪，那么根据已有的证据，两人都将被判入狱 1 年。其次，如果两名嫌疑犯都认罪的话，他们能因坦白从宽而获得优待，因而将各自入狱 3 年。然而，假如两名嫌疑犯中一人拒绝认罪，而另一人供认出两人合谋的罪行的话，后者将被立即释放，而前者则会获得最高刑期 5 年。

如果我们把每种选择的结果用收益矩阵以数值方式表示出来，要找到这个囚徒困境博弈的最优策略就不难。由于每个选手都想尽量减少入狱时间，即刑期 x 越小越好，因此我们把刑期 x 的相反数 $-x$ 写到收益矩阵中，这样我们就可以仍然以收益最大化的方式来分析这个矩阵。如图 8.2 中的第一个收益矩阵，每个元素内的两个数字分别代表嫌疑犯（"囚徒"）A 和 B 的监禁年数（的相反数）。每个囚徒分别有"沉默"和"告密"两种选择。鉴于理性的选手试图获得最大收益，因此对收益矩阵的所有元素都加上同一个常数并不会改变博弈的最优策略。比如，无论两个商品的效用分别为 0 和 1，还是 10 和 11，使得效用最

		囚徒B	
		沉默	告密
囚徒A	沉默	(−1, −1)	(−5, 0)
	告密	(0, −5)	(−3, −3)

		选手B	
		合作	背叛
选手A	合作	(4, 4)	(0, 5)
	背叛	(5, 0)	(2, 2)

图 8.2 囚徒困境博弈的收益矩阵。上为原始收益矩阵，下为所有收益值都加上一个常数以后的收益矩阵

大化的选择都是相同的。为了简便起见，我们不妨给初始的收益矩阵所有元素都加上5，这样就会得到图8.2中的第二个收益矩阵。我们把选手的选择重新标记为合作和背叛，分别对应于沉默和告密。这两个收益矩阵在本质上描述的是同一个博弈，因此也具有相同的纳什均衡。

假如你身处这一博弈之中，你将如何决策？你觉得你的选择是否符合博弈论得出的纳什均衡策略呢？为了找到这个游戏的纳什均衡，我们可以考虑，一名选手在其对手合作或背叛时应该怎样做。例如，假设囚犯B选择合作（即保持沉默），此时囚犯A如果选择背叛就会立即被释放，如果选择合作则会获得3年监禁。因此，只要囚犯A希望尽量减少入狱时间，他就应该选择背叛。换言之，如果对手合作，背叛是最佳响应。同样，假如囚犯B选择背叛（即认罪并告密），囚犯A选择背叛和合作将获得3年和5年的监禁。因此，在对手背叛的情况下，自己背叛仍然是最佳响应。因此，无论囚犯B做出何种选择，囚犯A总是应该背叛。由于这个博弈对于两个选手来说是完全对称的，因此相互背叛就是囚徒困境博弈的纳什均衡。当两名囚犯选择其均衡策略（即背叛）时，他们都将被判入狱3年。讽刺的是，纳什均衡对任何一方来说都是个更糟的选择，因为如果两人都选择沉默，他们只需要各自蹲1年大牢。

在经济学中，当一个群体中，在现有的利益分配方式下，任何人要利己都必须建立在损人的基础上，这种状态就称为"帕累托最优"（Pareto-optimal）。按照这一定义，囚徒困境博弈中的纳什均衡并不是帕累托最优的。这是因为，比起均衡中的互相背叛，互相合作对双方都更有利，这正是为什么这一博弈被称为"困境"。互相背叛是囚徒困境博弈的纳什均衡，这一事实也许正好解释了在人类社会中合作总是难以维持。因此，在社会科学研究中，囚徒困境是研究合作行为的一种重要范式。

根据博弈论，囚徒困境博弈的最优策略是互相背叛。然而，这并不意味着，当人们在现实生活中遇到类似情况时，就必然会像博弈论所预测的那样来行事。迄今，已有数百篇论文对这个问题进行了深入研究，但是，它们的结果却千差万别。事实上，没有哪一个研究发现人们总是合作，或总是背叛。换句话说，人们在囚徒困境博弈中的行为存在个体差异。而且，在被试者中，选择合作的人的比例在不同的研究中也有很大差别，低至5%或高达97%都曾有报道。平均而言，选择合作的人的比例大约在50%。在已发表的研究中，合作者的比例在30%~40%的占大约一半。总而言之，尽管囚徒困境博弈的实证研究结果差异其大，但即便如此，数据显然并不支持博弈论做出的预测。因而，学界最初对冯·诺伊曼和摩根斯特恩建立的博弈论理论的乐观态度并没有持续许久。

迭代囚徒困境

既然博弈论本质上是用数学方法来研究社会决策，那么与数学的其他分支一样，博弈论提出的某个命题是否为真，就只取决于其假设和论证逻辑。在一个囚徒困境博弈中，如果所有选手都清楚了解各自的收益矩阵，并且试图获得尽量大的收益，那么他们就应该都选择背叛。我们可以对此进行严格的证明，因此它是一个数学定理。像这样来自博弈论的定理与人们的行为并不总是完全吻合，并不一定表示博弈论错了。相反，它表明现实中的实验违反了理论假设。如果实验的被试者充分了解博弈的收益矩阵，理论预测和实际行为之间的差别就意味着，人们并没有以理性和自利的方式来为自己谋取最大利益。

这就给我们提出了一个有趣而且重要的问题：如果脑的产生和进化是为了促进基因的复制，那么，脑为何能做出对于基因来说并不自私自利，甚至利他的行为？如果脑选择的行为并不会使基因复制的效率提高到最大限度，这是否意味着脑的进化并非时时刻刻只为物种竞争服务？又或者说，合作行为以及促进这一行为的脑之所以能进化出来，是因为产生它们的基因会最终受益？在人类社会中，合作往往比自私自利（乃至背叛朋友、家人）会产生更好的结果。这与囚徒困境博弈很相似。因此，了解基因如何促使脑与其他个体的脑进行合作，对于在社会生活中避免不必要的冲突，提高生活质量，具有重要的意义。

在理想化的囚徒困境博弈中，我们假定每个选手都是自利的，并不关心其他选手的利益。实际上，假如囚犯博弈中的选手素不相识，未曾彼此交换过任何信息，并且假如他们也认定互相再也不会见面，因此他们在未来不会再受到自己在博弈中所做选择的结果的影响，那么前面关于自利的假设可能是成立的。在这样的一次性囚徒困境博弈中，每个选手只做一次决策。在对这种博弈的实验室研究中，参与者通常会被明确告知，这一博弈只进行一次。尽管如此，即便在这样的实验里，人们有时仍会选择合作，也就是说，人们表现得像是他们依然认定将来可能与博弈中的对手彼此相遇。

在整个人类进化过程中，我们的祖先很可能时常与某些人重复互动，而不是仅仅接触到从未谋面的陌生人。同一组人多次根据相同的收益矩阵进行博弈，这就是一个"迭代博弈"（iterative game）。迭代博弈的均衡策略会比一次性博弈来得更复杂。因此，如果人类对某些迭代博弈（如迭代囚徒困境博弈）有大量的经历，那么这样的迭代博弈的最优解可能就会被内化到人脑中。这可能会使人们即便心里清楚眼前只是一场一次性博弈，他们的某种本能使它们仍然倾向于选择迭代博弈中的最优策略。

纳什已经证明，所有博弈都至少存在一个均衡。因此我们知道，所有迭代博弈也都有均衡策略。那么，迭代囚徒困境博弈的均衡策略是什么呢？很可惜，这个问题看似简单，但目前还没有万试万灵的解答。然而，我们已经知道，在迭代囚徒困境博弈中，合作有时会给选手带来比背叛更好的结果。1980年，一位名叫罗伯特·阿克塞尔罗德（Robert Axelrod）的政治科学家举办了一场比赛，参加这一比赛的并不是人，而是采用不同策略的计算机程序。这些程序相互进行迭代囚徒困境博弈，比较谁在长期得到最大的收益。这一比赛的首位获胜者是一种名为"以牙还牙"（tit-for-tat）的策略，该策略来自心理学家阿纳托尔·拉波鲍特（Anatol Rapoport）。以牙还牙策略在与一位新对手开始互动时，总是首先在第一轮选择合作。然后，在后面的每一轮里，其对手上一轮怎么做，它就怎么做。因此，一个执行以牙还牙策略的选手根据迭代博弈的过往历史做选择。这样做有几个好处。假如遇到了一个总是背叛的对手，以牙还牙可以保护自己免遭利用，因为除了第一轮以外，它会同样以背叛回应对手。然而，与一直背叛的策略不同，以牙还牙可以与一直合作的策略保持合作。同样的道理，两位都使用以牙还牙策略的选手也将一直合作。以牙还牙策略根据对手的策略来决定自己的行动，这使得它在面临许多不同的策略时可以获得最大的平均收益。这个简单算法成功的关键，在于它允许选手有选择性地与其他会合作的选手互相合作。相比之下，总是选择合作的算法就不太成功了，因为它会被倾向于背叛的策略所利用。

巴甫洛夫策略

以牙还牙策略并不是能在迭代囚徒困境博弈中实现合作的唯一策略。在以牙还牙之后，人们又发现"巴甫洛夫策略"（Pavlov strategy）

也可以产生合作，其部分原因是因为它像以牙还牙一样，是否选择合作取决于其对手过去的行为。不过，两者之间也存在重要的差别。以牙还牙总是重复其对手的上一次选择，而巴甫洛夫策略则按照如下规则行事：如果对手在上一轮选择合作，那么它就重复自己在上一轮的选择，但如果对手上一轮选择背叛，则切换到另一个选项。

囚徒困境有一个有趣的特点：当对手选择合作时，无论你自己选择合作还是背叛，你的结果总比对手背叛时更好。因此，巴甫洛夫策略当且仅当对手背叛时才改变自己的选择，就意味着如果结果好，就继续先前的选择，如果结果不佳，则换一种选择。这与以牙还牙截然不同。例如，如果对手在上一轮中合作，那么以牙还牙就会合作。在同样的情况下，巴甫洛夫策略则会再次选择自己上一轮的行动——如果上一轮它选择合作，它现在会继续合作；如果上一轮选择了背叛，它就会再次背叛。这种行为模式，可以概括为"赢则保持，输则改"（win-stay-lose-switch）。也就是说，只要一个选择产生了好的结果，那么你就重复这一选择。当对手背叛时，以牙还牙和巴甫洛夫策略的行为也不同。在这种情况下，以牙还牙策略将在下一轮选择背叛，而巴甫洛夫策略则会选择与上一轮不同的行为。在遭遇对手的背叛后，如果巴甫洛夫策略在上一轮选择了背叛，它现在就会选择合作，反之则选择背叛。

由于巴甫洛夫策略根据其先前选择所产生的结果来调整眼下的行为，因此它更近于桑代克的效果律和操作条件反射原理，而非巴甫洛夫的经典条件反射原理。因此，将施行桑代克原则的策略称为巴甫洛夫策略，颇让人感到有些讽刺。也许，原本更应该将其命名为桑代克策略或强化策略。

巴甫洛夫策略往往比以牙还牙策略更为成功，其中的原因很好理解，尤其是当对手是一个天真善良的无条件合作者的时候——在这种情况下，采取以牙还牙策略的选手将会一团和气地一直合作下去，而采取巴甫洛夫策略的选手则会利用对手的天真，为自己获取更大的利益。然而，巴甫洛夫策略并不总是胜过以牙还牙。例如，当对手一直选择背叛时，以牙还牙的策略能保护自己免遭利用，因为它也总是选择背叛。相比之下，巴甫洛夫策略则会在合作与背叛之间不停地来回切换，因此最终的平均收益将低于以牙还牙策略。

尽管巴甫洛夫策略存在这样的弱点，但相比以牙还牙策略，它更能与各种类型的对手建立合作关系。要说明这一点，也许最好的方法是讨论多名使用巴甫洛夫策略的选手的行为。当两名选手都使用巴甫洛夫策略时，无论他们此前做了什么，他们一定可以在三轮博弈之内开始持续合作。想象一下这样的例子：在第一轮中，选手 A 选择背叛，而选手 B 选择合作。那么，在第二轮中，两位选手都会背叛，因为选手 A 会继续做出相同的选择，而选手 B 会切换到另一个选项。在相互背叛之后，两位选手现在都会改变他们的选择，因此在第三轮中，他们都会选择合作。然后这种互相合作的局面将一直持续下去。相比之下，以牙还牙策略并不宽容，无法从同样使用以牙还牙策略的对手的单次背叛中恢复过来。在两名使用以牙还牙的选手之间，一旦出现一次背叛，情况就无法补救，两人将一直互相背叛下去。在偶尔的背叛后重启合作的能力非常重要，因为在现实生活中，人与人之间的沟通往往会受到其他因素干扰。因此，即使一个群体中的每个人都有意合作，偶尔也可能出现彼此误判的情况。巴甫洛夫策略会比以牙还牙策略从这些失误中更好地调整过来。

以牙还牙策略和巴甫洛夫策略都是学习算法，所以它们需要记忆。以牙还牙策略需要记住对手之前的选择，而巴甫洛夫策略既需要记住对手之前的选择，还需要记住自己之前的选择。以牙还牙策略并不宽容，因此一旦记忆发生任何错误，结果都是灾难性的。例如，想象两个选手使用以牙还牙策略，在迭代囚徒困境中不断合作。这种持续的合作取决于他们准确记得对手之前的合作行为。如果其中一个人记错了，误以为对手已经背叛，那么他就会在下一轮选择背叛，尽管其对手仍旧不明所以地在合作。从这时开始，两位选手就会开始在合作和背叛之间来回切换，直到发生另一个错误为止。相比之下，一对使用巴甫洛夫策略的选手则可以从这样的错误中恢复过来。正如我们上面所讨论的那样，巴甫洛夫策略更为宽容，因此即使偶尔发生背叛或记忆错误，他们依然可以在几轮以后恢复合作。

以牙还牙策略和巴甫洛夫策略在迭代囚徒困境博弈中都倾向于实现合作，我们可以从中得到两点重要启示。首先，像囚徒困境这样的博弈，虽然在仅仅进行一次时，最优策略是选择背叛，但是当同一博弈重复进行时，合作可能会成为最优解。其次，根据经验改变行为方式的能力非常重要。换句话说，学习对迭代博弈至关重要。有时，也许只需记住对手的行为就足够了，但更多时候，就像在巴甫洛夫策略中那样，可能也有必要记住自己的行为。这表明，在个人决策以外，强化学习可以广泛应用于理解社会行为的动态变化。

正如我们在前一章中所看到的，强化学习有多种形式，例如无模型和基于模型的强化学习。这些不同形式的学习算法可以应用于重复社会互动下的决策制定。例如，巴甫洛夫策略对应于无模型强化学习，因为选手在下一轮博弈中的决策仅由先前选择的结果决定。相比之下，以牙还牙策略是一种基于模型的强化学习，因为选手只记住关于其对手先前行为的信息，并完全据此做出选择。如果一个人对其他选手的了解足够充分，使其能够准确预测他们的行为，那么基于模型的强化学习总是比无模型强化学习更好。然而，假如对其他选手的了解没能达到这样的程度，基于模型的强化学习就可能逊于无模型强化学习。在迭代囚徒困境中，一些无模型强化学习算法（如巴甫洛夫策略）可能比某些对其他选手的行为知之甚少的基于模型的强化学习算法（如以牙还牙策略）更有效。

正是因为难以准确预测其他选手的行为，许多类型的重复社会互动都使用了无模型强化学习。随着社会关系变得更加复杂，基于模型的强化学习会需要对他人的目的及决策过程有更为全面、深入的了解。由于决策者并不总能获取这些信息，基于模型的强化学习的用武之地就变得有限了。相比之下，无模型强化学习只需用到关于先前经验的少量信息。我们可以再次以迭代的石头剪子布游戏来说明这一点。一次性石头剪子布的最优策略也是重复进行同一游戏时的最优策略。也就是说，如果两名选手都以 1/3 的概率选择三个选项中的每一个，并且各轮中的选择相互独立，那么这就对应于石头剪子布的纳什均衡。对于计算机的随机数生成器来说，这容易得很，但人类非常不善于生成完全随机的行为序列。相反，许多实验室研究和对现实生活行为的观察都表明，人们在玩迭代石头剪子布游戏时倾向于使用无模型强化学习。也就是说，他们倾向于重复选择过去获得成功的行动。在脑尚未发育完全的儿童身上，这种趋势更为强烈。读者不妨试试分别与儿童和成人玩石头剪子布游戏，并观察他们在获胜后继续做出相同选择的频率，来亲身验证这一点。

合作的社会

要研究在只有两个参与者的情况下，合作如何产生与维持，囚徒困境博弈是一个很好的范式。然而，在真实的人类社会中，合作往往牵涉到许多人。在我们从囚徒困境中学到的东西里，有哪些能推广到包括更多选手的更大的博弈中？事实上，对于不止两名选手的情况，博弈论同样能帮助我们获得许多深刻的认识。

在经济学中，当公共物品（public goods）存在时，合作便成为一个重要的话题。具有效用的商品可分为私人物品（private goods）和公共物品。私人物品可在不影响他人效用的情况下，完全被个人消费。比如，我在家里吃一些东西，几乎不可能影响到他人的健康。相比之下，公共物品的消费则会影响他人的效用。个人消费对他人效用的影响，称为外部性（externality），因此公共物品的概念与外部性密切相关。公共物品具有外部性，它既可以是正面的，也可以是负面的。当一个人支付生产某些具有正外部性的公共物品时，其他没有购买这些公共物品的人的效用会增加。具有正外部性的公共物品的例子包括道路、桥梁一类的基础设施。相比之下，当公共物品的消费对环境产生有害影响（如空气污染）时，就会产生负外部性。具有正外部性的公共物品往往生产不足，因为人们无须付钱就能享受这些物品，因此会时常避免生产和购买这类物品，即所谓的"搭便车"问题。举个例子：想象一下，某个城镇中每个居民对公共图书馆的需求大致相同，现在他们被要求捐款建立一个新的图书馆。在这种时候，如果人们认为即便不捐赠，将来也能用上图书馆的话，他们可能就不会乐意慷慨解囊。像这样的"搭便车"问题，其中一种解决方案是由政府出面，以强制性税收的方式筹措资金。

与具有正外部性的公共物品相反，具有负外部性的公共物品往往会生产过度。比如，如果某些厂商无需清理其生产过程中产生的有害物质，由于成本的降低，它们便能以更低的价格出售其产品。因而，与生产厂商需要为环境污染买单的情况相比，不需要负责的厂商往往会产生更多有负外部性的有害物质。就像具有正外部性的公共物品一样，这种情形可能也需要政府的干预。

在有外部性的情况下，是否总得靠政府的介入，才能防止公共物品生产过量或者不足？假如我们不需要政府的帮助就能解决公共物品问题，那自然是件好事，因为它能减少不必要的行政成本。我们可以用公共物品博弈（public goods game）来研究这个问题。囚徒困境博弈只能有两名选手，而公共物品博弈中的选手可以为任意数量。在公共物品博弈中，每个选手首先会得到一笔钱。然后，每个选手分别决定在自己的钱里拿出多少比例，捐给一个公共基金。然后，这一公共基金的总金额会被乘以某个大于1的数。最后，所有选手无论之前捐赠多少，都能平分公共基金里的款项。我们来想象一个有10名选手的公共物品博弈。假设所有选手最开始都有10元钱，并且放到基金里的钱会翻一番（即乘以2）。如果没有选手捐钱，游戏立即结束，每个人都会保留自己原有的10元钱。相反，如果每个选手都捐出所有的钱，那么最终每人手上的钱都会翻一番。这是因为，公共基金会得到100元钱的捐款，然后翻一倍变成200元，再平均分给10名选手。因此，对每个选手来说，所有人都捐出全部款项，显然要比没人捐款来得好。这就类似于囚徒困境博弈，因为在后者中，互相合作也比互相背叛更好。不幸的是，两种博弈都存在同样的困境。公共物品博弈中的纳什均衡是不捐钱，而不是捐出所有的钱。

要理解为什么会产生这样的悲剧，我们要记住，在纳什均衡中，每个选手的选择都必须是针对所有其他选手所做出的选择的最佳响应。试想一下，假如你身处这个博弈之中，如果其他选手都捐出所有的钱，你要怎样做才能得到最大收益？如果你也把开始拥有的钱全数捐出，你的最终收益将会是20元。但是，如果你一分钱也不捐，你仍然可以获得公共基金的十分之一，即18元。所以，最后你会拥有28元。这样一来，你的最佳响应是留下全部的钱，不做任何捐赠，因此捐出所有的钱必定不是纳什均衡策略。囚徒困境与公共物品博弈之间的主要区别在于选手的数量，但两者有一个重要的共同特征。在这两个博弈中，纳什均衡都不是帕累托最优的。公共物品博弈的纳什均衡是所有人都不捐钱。这种情况显然不是帕累托最优，因为它不如每个人都把所有钱捐出来。

在囚徒困境和公共物品博弈之间，还有另一个重要的共通之处——只有在仅进行一次博弈时，背叛和不捐钱才是唯一的纳什均衡策略。正如迭代囚徒困境博弈中存在合作的空间一样，如果反复进行公共物品博弈，合作就可能会成为更好的策略。对于迭代的公共物品博弈，一些能从先前经验中学习（如以牙还牙）的策略，也会比一次性博弈的纳什均衡策略表现得更好，因为选手可以用这样的策略来影响其他选手未来的行为。

即便是一个大规模的社会，学习也能使合作的出现和维系变得可能。假如我们回顾社会性动物（包括人类在内）的脑的进化历程，进而思考在背后塑造这一过程的力量，我们会意识到，学习有着举足轻重的意义。假如动物个体之间进行互动时，背叛总是带来更好的结果，即便互动重复多次也是如此，那样的话，选择合作的脑便会处于劣势。我们也很容易理解，无条件的合作并非最好的策略。盲目合作的动物（以及控制它们行为的脑）很容易会被其他能够灵活权衡利弊、适时建立合作关系的动物（以及它们的脑）所利用，从而在竞争中处于下风。因此，如果有一些基因，能够建造出具有适应能力、有选择性地进行合作的脑，那么这些基因就会得到更有效的复制。这样一来，我们自然要问：人类真的已经具备了根据经验灵活地与同类合作的能力了吗？如果是的话，他们用的是怎样的学习算法？回顾人类的发展史，为了在进化角度上解决合作问题，人类社会采取的方案似乎是报复行为。

利他主义的阴暗面

在人类的诸多社会行为之中，报复也许是最具争议的一种。在人类历史上，许多宗教和法律文本都含有一些像"以眼还眼"这样的词句，似乎支持了报复行为。无论这些语言原本的真实意图是鼓励抑或制止报复行为，它们都在一定程度上将报复行为合理化了。然而，许多宗教和政治领导人，如小马丁·路德·金（Martin Ruther King, Jr）和圣雄甘地（Mahatma Gandhi），都强调人们不应以暴制暴。小马丁·路德·金在1964年获颁诺贝尔和平奖，他在授奖仪式上的演讲中说："终有一日，世界上的所有人都必须找到一种和平共处的方式，从而将随时威胁着人类命运的灾难化作兄弟友爱的壮美诗篇。要实现这一宏愿，人类就必须摒弃报复、攻击与仇恨，为人与人之间的所有冲突找出和平的解决方法，而这一解决方法的根基便是爱。"像他描绘的这样一个乌托邦社会，真有可能实现吗？友爱与仇恨，在这两个相互矛盾的原则之中，人类最终会选择哪一个？

不可否认，人类具备道德判断的能力。我们经常会把各种行为贴上对或错的标签，尽管这些可能只是主观判断。同时我们也要看到，道德推理和判断是人脑的功能，因此它们至少在一定程度上是脑进化的产物。因此，决定是否对某个伤害了你或你的家人的人进行报复，不仅仅是个道德问题，而且还是一个可以运用博弈论和进化生物学工具进行研究的话题。我们已经知道，灵活的适应性策略（如以牙还牙策略和巴甫洛夫策略等）比起无条件的合作或背叛会产生更好的结果。这也意味着，在动物的进化过程中，像这样的适应性策略逐渐被发展出来是完全可能的。在人类社会中，如果合作的维持主要依靠这种适应性策略，那么拒绝与别人合作即便能在短期获益，但最终仍将带来更大的损失，因为到最后，其他人将不再与选择背叛的人合作。换句话说，如果在一个社会中，大多数人都按照以牙还牙策略或巴甫洛夫策略行事，这样的社会就能有效惩罚那些不合作的成员。在这一社会中，对背叛的惩罚强度越大，合作的程度可能也会越高。如果在人类进化进程的大部分时间里，我们的祖先都处于稳定的社群之中，并经常与同一群体的成员互动，那么惩罚背叛者的策略可能就已被纳入为人脑的默认策略之一。不公正的状况时常会给人带来强烈的负面情绪，以及施加报复的愿望，即便我们只是旁观者。这种现象可能正是上述进化过程的产物。

　　报复会不会真的是脑的一种默认反应？已有研究人员对此做过一系列测试。该实验使用了迭代的公共物品博弈，被试者需要选择捐款的数额。此外，在每轮博弈结束后，被试者都有机会对任何在上一轮中没有捐款的占便宜的人实施惩罚。实验结果表明，即便要花费自己的金钱，许多人还是愿意惩罚占便宜的人。像这种不惜付出个人代价，对他人拒绝合作或者偏离社会规范的行为进行惩罚的举动，称为利他性惩罚（altruistic punishment）。当人们在受到不公平待遇后，感到愤怒并想要报复时，他们寻求的正是利他性惩罚。而且，人们通常能预见报复会带来快感，并且的确在报复取得成功之后体验到快感，这可能正是进化过程植入脑中，用来鼓励利他性惩罚的机制的结果。一些神经影像学研究的结果为这一假设提供了一定的支持。例如，有些研究发现，当被试者决定惩罚背叛的人时，与奖赏和效用密切相关的脑活动（如腹侧纹状体）会增加。

　　像以牙还牙策略和巴甫洛夫策略这样相对简单的适应性策略，也许在促进合作上会有些作用，但它们不可能在规模很大的社会中完全消除背叛，这是因为背叛者的策略也可能变得非常复杂。因此，为了最大限度地促进合作，人类社会也许不得不用上如利他性惩罚这样更强力却有些负面的措施。但利他性惩罚真的是最好的解决办法吗？假如目标是尽可能地鼓励合作，与其惩罚背叛的人，给予合作者大量奖赏会不会更好？很遗憾，奖励合作者的正面方法可能不如利他性惩罚来得有效。如果一个社会试图奖励每个合作者，那么随着合作频率的增加，用于支付这些奖赏所需的预算总额也将增加。与其相反，社会的合作水平越高，利他性惩罚的成本却会变得越低。当每个人都选择合作时，整个社会实际不需要付出任何成本进行惩罚。因此，利他性惩罚比奖励合作者更为有效。

要用利他性惩罚来促进合作，我们就必须保证惩罚具有选择性，只对那些拒绝合作的人进行惩罚。换句话说，社会成员要能够识别背叛者。在关于利他性惩罚的实验室研究中，被试者往往能知道谁选择了背叛。然而在现实生活中，情况可能有所不同。比如，虽然相似的博弈可能会反复进行，但参与博弈的成员可能会经常发生变化。如果某个团体的成员可以决定谁能加入他们的团体，比起不加甄别地吸收合作者和背叛者，只接受愿意合作的人显然更为有利。在团体规模变得更大、博弈变得更加复杂的情况下，相互合作的好处可能也会随之增加，因而一个团体能够事先识别出愿意合作的人并吸收他们加入，也将变得更为重要。这就是我们如此在乎个人声誉的原因。从博弈论和进化生物学的角度来看，一个人的声誉的其中一项基本要素，便是我们预期这个人选择合作的可能性。然而，良好声誉能带来的好处越大，欺世盗名的诱惑力也就越大。如果一个团体内只有合作者，尽管现有的团体成员只想吸收真正的合作者，但合作者和背叛者都会通过加入这样一个团体而受益。因此，比起会被别人轻易识别的不太聪明的背叛者，能够伪装成合作者的背叛者会更为成功。因此，一方需要辨别真正的合作者，另一方需要通过模仿合作者来伪装自己，两方在竞争中共存，并且他们之间的军备竞赛会变得越来越复杂。所有这些问题，都是一个在复杂的社会结构中进化出的脑需要面对和解决的。

预测他人的行为

在复杂的社会中，我们时常面临艰难的选择。如果我们能够准确预测他人的行为，许多选择就会变得容易得多了。无论我们与他人处于相互竞争抑或合作的关系，预测他人选择的能力都很重要。比如，在像石头剪子布这样的竞争性零和博弈中，假如能预知对手的选择，获胜便易如反掌。同样，如果很容易就能识别出愿意合作的人，那么在一个组织里维持合作也容易得多。要预测他人的行为方式，就得了解他们知道什么，以及想要什么。换句话说，你需要了解一个人的知识和偏好，才能预测其行为。基于对他人的知识与偏好的了解，准确地预测他人的行为，这种能力称为"心智理论"（theory of mind）。心智理论在与他人的高效互动中起到至关重要的作用，在我们身处一个复杂的社会时更是必不可少。

心智理论中不可或缺的第一步，是识别自我与他人之间差异的能力。也就是说，我们需要把自己的知识和意图与别人的知识与意图区分开来。如果不了解自己与他人之间的差异，预测其他人的行为就无从谈起。比如，要是我分不清楚我自己知道什么，你知道什么，我就没法预测你会做什么。区分这两类知识的能力可以通过名为"错误看法测试"（false-belief test）的方法进行检验。这一测试还有一个别名，叫作萨莉-安妮测试（Sally-Anne test）。它是最常见的用于评估儿童心智理论的实验任务之一。在这项任务中，实验人员向被试者展示两个名字分别为萨莉和安妮的玩偶（图 8.3），并讲述以下故事。首先，萨莉把球放在篮子里，离开了房间。然后，在萨莉不在时，安妮把球从篮子里拿出来，挪到另一个盒子里。后来，萨莉回到房间，并试图找球。萨莉会先去哪里找？

正确的答案自然是篮子，因为她不知道安妮已经把球移到了盒子里。然而，要想得到这个正确的答案，被试者必须将他们所知的关于球的真实位置的知识（盒子）与萨莉对这一问题的认识（篮子）区分开来。为了正确预测萨莉的行为，他们必须用到他们所知的萨莉的

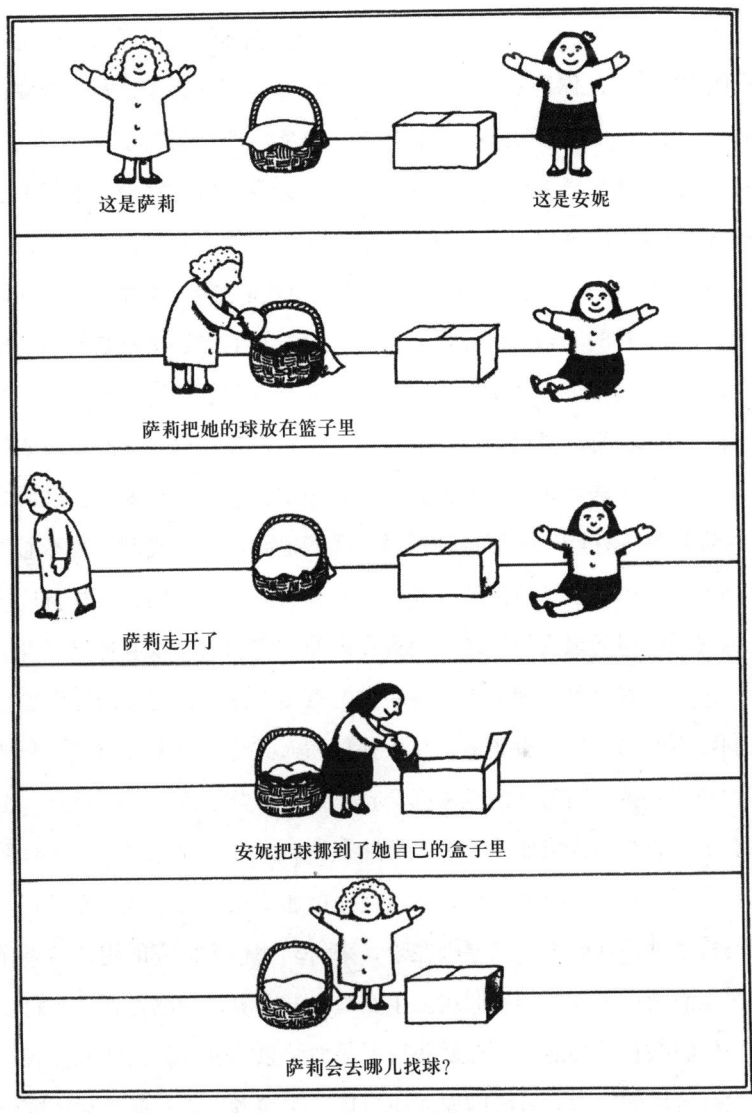

图 8.3 用于评估心智理论的错误看法测试（也称为萨莉-安妮任务）。引自 Frith U（2001）"Mindblindness and the brain in autism." *Neuron 32*：969-979（原文图 1）。版权由 Elsevier 所有（2001），经许可转载

看法，而它与他们知道的真实情况也许并不相同。这项任务之所以称为错误看法测试，就是因为萨莉的看法或知识尽管是错误的，但为了正确回答问题，你仍要用到它。当年龄低于 4 岁的孩子进行这项测试时，他们之中的大多数都会说萨莉会去球实际所在的盒子里找球。这意味着，对 4 岁以下的幼儿来说，心智理论尚未发育完全。他们无法从自己的知识中抽离出来，对他人的知识进行代入和评估。

人类大体在 4 岁左右时具备全面的心智理论能力。那么其他动物呢？人类以外的动物到底有没有心智理论？它们能够理解它们知道什么与其他动物知道什么的区别吗？由于人类以外的动物不理解我们的语言，因此在它们身上要测试心智理论困难得多。尽管如此，假如我们仅仅因为无法与它们交谈，就认为其他动物没有心智理论，这样的结论显然站不住脚——照这种逻辑，我们也要认为与我们语言不通的外国人没有思想了！虽然研究动物认知颇为困难，但仍有一些新近的证据表明，包括黑猩猩和红毛猩猩在内的一些猿类可以通过错误看法测试。黑猩猩也可以理解人类实验者的意图，甚至自愿帮助他们去拿他们够不着的东西。事实上，在黑猩猩和人类婴儿身上，类似的利他行为并不少见，因为他们经常都会自发地帮助其他人拿某些物品。由此看来，心智理论可能并不是人类独有的。

我们应该总是提醒自己，不要在证据还不充分时，就臆断只有人类具有某种认知能力。其原因在于，来自动物行为研究的阴性结果往往很难清晰解读。假如我们用某个实验去试图测试动物是否具有跟人类一样的某种认知能力，然后获得了阴性结果，这并不一定意味着动物没有这样的能力。可能的原因还包括，实验者也许没能向动物准确呈现实验任务，或者动物根本没把足够的注意力放在实验任务上。比如，如果理解实验任务所需的信息是通过视觉刺激来传递的，而这些视觉刺激对动物来说太小，使得它们无法正常观察，那么动物就无法通过测试。但是，这并非因为它们的认知能力不足，而只是因为视力的障碍。与此相似，动物也有可能缺乏将它们的答案传达给实验者的能力，或者没有动力这样做。例如，只是因为猫不能像人类那样唱歌，就说猫不能理解音乐，这是不合逻辑的。

目前，只依靠错误看法测试的话，暂时没有人类或猿类之外的动物能在测试中展现出具备心智理论。然而，也有许多研究表明，不少动物至少可以部分了解人类和其他动物知道什么、不知道什么，或者其他人和动物想要什么。这些研究结果中的大多数都来自对人类的忠实伴侣——狗的研究。狗的独特之处在于，它们与人类共同生活和进化的历史可能长达三万年。狗对人类想要什么具备一定的了解，一个例子是，当一个人在狗面前用手指指向某样东西时，狗往往不会看着手指，而会望向手指指向的物体。有趣的是，狗比其他动物（包括黑猩猩和狼）对指向有更好的理解力。这有可能是千百年来人类对狗进行选择性育种，并优先选择能与人类良好沟通的个体的结果。

递归的心智

人类认知的一个显著特征，是能够以反复和递归的方式运用心智理论。通过心智理论的递归，我不仅可以想象和理解你可能在想什么，还能推断你可能认为我在想什么。就像当你走到一对彼此面对的大镜子前，镜中会形成无数个你的影像一样，我的脑海中不仅能包括你对世界上其他人和物体怎么想，还能包括你对我自己的思想和感受的想法。当然，这还能进一步延伸到你认为我会如何猜测你可能在想什么，以此类推。即便是在相对简单的社交互动（如剪刀石头布）中，我们都会体验到这种循环往复、无穷无尽的推断。

要衡量这种递归心智理论的"深度"（即一个人为了做出某个选

择使用几次心智理论,将这种推理进行到第几层)并不是件容易的事。"选美博弈"(beauty contest game)是其中一种通过实验研究来对此进行测试的工具。在此博弈中,每个选手需要在0~100之间选择一个整数。然后,对所有选手选择的数字取平均数,并乘以某个小于1的数(通常为2/3),哪位选手先前选择的数字与这一最终数字最为接近,他就是获胜者。如果你第一次参与这个博弈,想象一下你要和另外九个人一起进行博弈,为了获胜你会怎么选?

这个博弈能让我们根据每个选手选择的数字,来准确地估计每个人使用心智理论的递归程度。首先,让我们来考虑在这个博弈中,选手可能会用到哪些策略。也许有些选手只是在0~100之间随机选择一个数。这种随机策略称为零阶策略(zero-th order strategy)。在这些选手之中,可能有人甚至会选择远大于67的数字,尽管这一选择极为不智。在这个博弈中,每个人都选择最大的数字100的可能性极小,即便这种情况真的发生了,所有被选择的数字的平均值乘以2/3,也不会超过67。也就是说,如果你选了一个大于67的数字,那么无论如何你都不可能获胜。在使用零阶策略的选手以外,可能会有一些选手在假设所有人都在使用零阶策略的前提下,估计什么数字最有可能取胜。在这种情况下,平均数大约是50,因此,这些选手可能会选择某个接近33的数字,因为50的2/3是33.3。该策略可称为"一阶策略"(first-order strategy)。也就是说,一阶策略选择33,这也就是在假设所有其他选手都在使用零阶策略时的最佳响应。

当然,我们可以进一步想象比一阶策略更复杂的策略。如果你假设所有其他选手都使用一阶策略,那么你就该选择22。因为在这种情况下,预期的平均值乘以2/3将是22.2。这就是"二阶策略"。这些例子清楚地表明,选美博弈中的最优策略取决于一个人认为其他人用的是什么策略。这就造成了一个悖论。假如你认为每个人都会使用

n 阶策略，那么你就必须使用（n + 1）阶策略。方便的是，选美博弈中 n 阶策略给出的答案可以直接计算出来，即 $50 \times (2/3)^n$。由此我们可以进一步认识到，随着 n 逐渐增大，第 n 和第（n+1）阶策略给出的答案之间的差异会越来越小，直至当 n 趋向无限大时，两者的差异完全消失。读者应该记得，在纳什均衡中，每个人的选择都必须是对其他人选择的最佳响应。这也意味着，当 n 变得无限大时，选美博弈也就达到了纳什均衡。换句话说，选美博弈的纳什均衡是所有人都选择 0。更为重要的是，在选美博弈中，每个选手所选择的数字与他们策略的阶数之间存在一对一的关系。也就是说，从某人在这个游戏中选择了什么数，你就能直接推断出他的递归心智理论的深度。

选美博弈是由一位名叫罗斯玛丽·内格尔（Rosemarie Nagel）的经济学家于 1995 年发明的。它的得名，来自宏观经济学创始人约翰·梅纳德·凯恩斯（John Maynard Keynes）在讨论股票市场行为的非理性时用到的一个短语。凯恩斯认为，股票未来的价格难以预测，是因为人们在做买卖股票的决定时，并不仅仅根据公司的实际价值，而是主要依据他们认为其他人眼中该公司价值如何。有些时候，决策可能还会基于某些人对其他人如何预测的预测。凯恩斯认为这种递归过程与预测选美比赛中的获胜者异曲同工——为了成功预测胜者，你要选择的，不应是你认为最美丽的选手，而是你认为评委们觉得最美丽的那位选手。

社会化的脑

身处现代社会，我们所做的几乎所有选择，都发生在社会情境之中。这不仅包括我们与其他人之间面对面的互动和交流，甚至还包括独处之时。严格来说，收发信息、读书、看电视，甚至听音乐都是社交活动。我们的脑一直在通过声音、图像和文本来处理关于他人的思想和情感的信息，就算他们不在我们身边。即使没有任何感官刺激向我们传递社会信息，我们的心理活动中也充满了关于我们与他人的关系和互动的记忆，以及我们对这些记忆的回顾与评估。另外，社会隔离会让人感到痛苦，对寂寞的畏惧不断驱使人们走进各种交往圈子。

人类活动的很大一部分都发生在社会情境之中，在社会互动中难免产生各种冲突和问题。获取能够用来解决这些冲突和问题的技能，也许曾是人脑进一步进化发展的强大驱动力。也就是说，负责控制脑发育和学习的基因会逐渐发生变化，从而产生更为优化的脑结构和功能，使脑能在复杂的社会中做出更好的选择。与个体决策相比，社会决策需要动物更深入地处理更多信息，就像人们以递归方法运用心智理论一样。这点对于灵长类动物来说更是如此，比起其他体重相近的动物，灵长类动物更愿意生活在较为复杂的社会之中。这也许可以解释，为什么与其他哺乳动物相比，灵长类动物的脑往往更大。

我们上面提到，灵长类动物的脑在进化过程中变得更大，可能是由于更大的脑会赋予灵长类动物更强的处理复杂社会信息的能力。这一假说称为社会智能（social intelligence）或马基雅维利智能（Machiavellian intelligence）假说。不难想象为什么会出现这种情况。比如，我们在社会互动期间，经常需要对他人面部表情的细节进行分析——这会使视觉皮层保持忙碌。同样，为了理解他人发出的声音或说出的单词，我们就得用到听觉皮层和与语言分析相关的其他脑区（如韦尼克区，Wernicke's area）。为了准确预测他人的行为，并从观察到的他人行为中推断其意图，我们时常需要递归地应用心智理论，这将涉及与社会推理和工作记忆相关的其他脑区。简而言之，当我们从事复杂的社会互动时，很可能要用上整个脑。这可能会引发许多脑区中神经元的数量增加，以及神经元间联系的加强。

为了应对复杂的社会互动的需要，脑可能只是简单地增加整体的规模，又或者是产生专门用于社会功能的特殊脑区。究竟是哪一种情况，取决于社会互动是否需要用到与个体决策完全不同的、更复杂的运算。如果脑在执行个体和社会决策时所需的运算类型没有什么本质不同，那么在脑中专门设立用于处理社交领域问题的单独模块就是一种浪费。事实上，人脑中的确有许多区域可能专门负责特定功能，例如韦尼克区和布洛卡区（Broca's area）分别负责语言理解和表达，而海马体可能在巩固长期情节记忆方面发挥着特殊作用。这些具有专门功能的特殊解剖结构之所以进化出来，可能是因为它们的解剖学和生理学特性使得它们适于承担重要的认知功能，如语言和记忆。鉴于某些认知过程（如递归推理和心智理论）可能是社会认知所独有的，人脑中的某些脑区可能会与社会认知紧密相关。

专门用于特殊功能（如社会决策）的脑区，就像是计算机中包含的专门用于特定类型计算的电路或模块，例如用于执行与快速图像处理相关的矩阵操作的图形处理器（graphics processing unit，GPU）。GPU技术如今在人工智能和许多其他科学领域的发展中肩负核心重任，而它最初的发展很大程度归功于需要进行复杂三维图像处理和动画制作的视频游戏产业。

在人类和其他灵长类动物的大脑皮层中，有几个区域专门用于分析面部视觉信息。这也许没什么好奇怪的，因为面部提供了丰富的信息，我们不仅能从中辨识他人的身份，还能了解其健康和心理状态。用神经科学方法对面部感知的脑机制进行严谨研究，始于普林斯顿大学由查尔斯·格罗斯（Charles Gross）领导的实验室。20世纪70年代早期，当格罗斯的研究正在进行之中时，神经科学领域中一个众所周知的认识是，在大脑皮层对视觉信息进行处理的早期阶段，神经元会对视觉刺激的一些相对简单的特征（比如它们的方向）做出响应。当时，格罗斯正在探究这样一种可能性：在视觉信息处理的下游皮层区域（如下颞叶皮层，inferior temporal cortex）中，神经元是否能够分析和识别更复杂的视觉特征或物体？在他的实验中，格罗斯发现下颞叶中有些神经元专门对猴子和人类的面部做出反应（彩图 8.4）。这些实验结果引导他提出了这样的假设：灵长类动物的脑中可能存在专门用于面部感知的解剖结构。与这一假说一致的一个事实是，在枕叶和颞叶交界处有脑损伤的病人有时会丧失识别人脸的能力。这种症状称为"脸盲症"（prosopagnosia）。若干年后，fMRI 和 PET 技术的出现使得测量活体人脑中的代谢活动变得可行，研究者终于确认，在人类大脑皮层中的确存在几个专门用于分析面部信息的区域。例如，在 fMRI 实验中，当被试者观看面孔图片时，一个称为梭状回面孔区（fusiform face area）的脑区活动会增加。面部其实并非特例，因为其他对于社会互动来说很重要的信息（如身体的动态）也会有针对性地激活某些特殊脑区。

除了那些专注于处理具备社会意义上的重要刺激（如面孔和身体运动）的皮层区域，人脑的某些区域也可能与社会推理和决策的其他方面（如心智理论以及估测他人偏好）密切相关。例如，在猴子的前运动皮层（premotor cortex）和顶叶皮层中，有一部分神经元具有一种独特的性质：当猴子产生某个动作（如从桌子上拿起花生）时，以及当它观察到人类实验员执行同一个动作时，会激发这些神经元产生相似的活动变化。这些神经元称为镜像神经元（mirror neurons），许多学者认为它们使得动物能够理解其他个体的行动的意义。神经成像学研究也在人脑中找到了相似的人类镜像神经元系统。另外，还有一些研究提出，一个称为内侧前额叶皮层（medial prefrontal cortex）的脑区可能参与了心智理论。例如，在 2009 年发表的一篇论文中，乔治·科里切利（Giorgio Coricelli）和罗斯玛丽·内格尔（上文提到的选美博弈发明者）在被试者进行

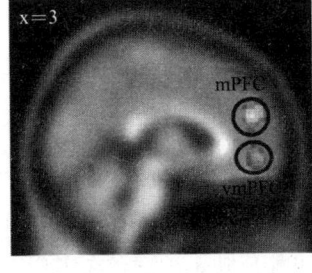
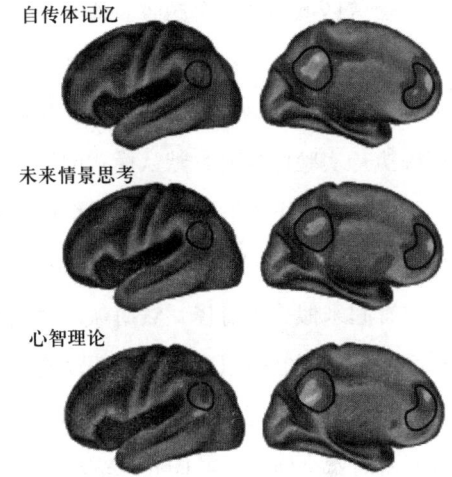

图 8.5 参与社会认知的人类脑区。左：内侧前额叶（mPFC）和腹内侧前额叶（vmPFC）在迭代社会推理任务中活动会增强。引自 Coricelli G，Nagel R（2009）"Neural correlates of depth of strategic reasoning in medial prefrontal cortex. Proc." *Natl. Acad. Sci. USA 106*：9163-9168（原文图 2），版权由美国国家科学院所有（2009），经许可转载。右：被分别涉及自传体记忆、未来情景思考和心智理论的三个不同实验任务所激活的皮层区域。引自 Buckner RL，Andrews-Hanna JR，Schacter DL（2008）"The brain's default network：anatomy, function, and relevance to disease. Ann." *NY Acad. Sci 1124*：1-38（原文图 12）。版权由 John Wiley and Sons 所有（2008），经许可转载

选美博弈时扫描了他们的大脑。他们发现，当被试者使用高阶策略时，内侧前额叶皮层的活动水平增加。这表明这个脑区的功能可能与递归推理和心智理论有关（图 8.5）。

默认认知：拟人化

内侧前额叶皮层不是一个孤立的脑区，它属于一个称为"默认模式网络"（default mode network）的较大的皮层网络。默认模式网络指的是这样一组大脑区域：当被试者执行实验人员指定的特定任务

时，这些区域的活动会减少。通常来说，当人类被试者开始执行某些旨在研究特定认知过程（如注意和记忆）的实验任务时，许多执行感觉和运动功能的脑区活动会增加。与此相反，当被试者在每轮实验中积极执行实验任务时，默认模式网络中的脑区活动减少，而在实验之间的静息状态下，它们的活动则会增加。在内侧前额叶皮层以外，默认模式网络还包括海马体和后扣带皮层（posterior cingulate cortex）。这乍看起来似乎很奇怪，然而默认模式网络这样的活动模式也许事出有因——它们之所以在静息时活动增加，可能反映了被试者在实验任务之间分心走神时的思维漫游。因此，找出 fMRI 实验中被试者在思维漫游时都会涉及的共同心理活动，将会为我们了解默认模式网络的功能提供重要线索。

当我们无须按照特定指令执行某项任务时，我们通常会想什么？在排队或等人而无所事事的时候，你最喜欢在脑子里想什么？在这种情况下，我们时常会回想自己之前做的事情。此外，这些回忆大都围绕着社交主题，例如过去与同事、朋友、亲人间的互动和对话。比如，你可能会回想起今天早上在地铁里与某个陌生人的相遇，或者想象今晚计划跟朋友共进的晚餐。这两类心理活动（回忆过去的事件和想象未来的事件）有着密切的联系。这并没有什么值得奇怪的，因为对未来的想象总是基于我们先前的经验。由于我们无法预测将来真的会发生什么，因此，想象未来往往是把过去事件中的元素重新组合，构成我们预计未来会发生的样子。事实上，科学家已经发现，遗忘症患者（包括那些海马体有损伤的患者，例如我们在前一章中讨论过的亨利·莫莱森）想象未来的能力也受到了损害。值得一提的是，这篇 2007 年发表的研究报告的其中一位作者名为杰米斯·哈萨比斯（Demis Hassabis），他当时是伦敦大学学院的研究生。2010 年，哈萨比斯创立了 DeepMind 公司，并开发了名为"阿法狗"的人工智能围棋程序。

如果默认模式网络的活动在休息期间增加是因为被试者更多地沉浸在回忆过往或者想象未来的话，那么直接要求被试者执行这样任务，也应当能够增加默认模式网络中的活动。的确，许多实验证实了这一推测。当参与者回忆他们的个人经历或者想象未来的体验时，默认模式网络中的活动更加强烈（图8.5）。另外，当被试者必须使用心智理论（如在错误看法测试或选美博弈中）时，相同的脑区也会增加活动。这些结果都给社会认知可能是人类思维核心的观点提供了支持。许多人们用于消遣的活动其实都是在寻求社会化的刺激。阅读书籍类似于谈话，观看电视和电影其实是一种虚拟的社交互动。当然了，摆脱无聊的最好方法是与你最喜欢的朋友和同事共度时光。这些可能都反映了我们的进化史——成为一个成功的群体的一部分，对生存和繁殖至关重要。

只要我们活着，我们的脑就永远不会完全关闭。即使我们的身体不活动，我们的思维也永远不会停止漫游，而且大多数思维漫游都对应着对社会关系的心理模拟。因此，将社会功能认定为人脑中最独特、最基本的功能，算得上是个站得住脚的论断。人脑将默认模式设定在社会功能上，也许会产生一些不良的副作用，其中最明显的或许是拟人化（anthropomorphization），也就是将任何与人相似的对象视为真实人类的习惯。拟人化是社会性的脑对非社会刺激的一种超敏反应。这也许与金毛寻回犬对网球的执着有些相似之处：尽管它们最初是为了在人们打猎时帮助找回猎物而被选育出来的，但如今它们对所有的小物体（如网球）都很痴迷。古往今来，人类往往有一种强烈的倾向，会推定在任何自然灾害（如洪水或地震）背后存在某些超自然因素。有些时候，这些灾难可能会被解释成神灵对我们行为的惩罚。当然，在某些情况下，这种迷信的想法可能具有一定的适应性，比如夜间对鬼魂的恐惧可能会驱使你更快走向安全的目的地，这也许会保护你免受潜在掠食者的侵害。认为自然现象由某个具有情感和其他人类特征（包括报复行为）的实体所控制，这样的拟人化信仰也许能在科学知识过于粗浅、无法解释复杂自然现象的年代提供一些心理和道德支持。 即便已有的科学知识已经可以准确解释自然现象，人们还是可能在心理上对这种超自然实体的存在深信不疑。这是因为，脑的进化速度比科技进步的速度要慢得多。

第 9 章

智能与自我

Chapter 9　Intelligence and Self

没有什么其他动物像人类那样对自身充满了好奇。自我意识与自我认识也许是智能的最高形式。

我们人类真的能够完全了解自己吗？像人脑这样一个实体机器，有没有可能完全理解其自身的工作原理？古今无数哲学家都强调自知自省的重要性，对此最好的例证或许就是古希腊箴言"认识你自己"。许多古希腊人——包括大哲学家苏格拉底——都将这一箴言奉为圭臬。中国古代哲学家、军事家孙子也曾写道："知己知彼，百战不殆。"正如孙子所说，自我认识有许多切实可见的好处，这是因为，了解自己需要什么、能够做到什么，对于我们规划未来十分重要。从社会科学、自然科学到人文科学，人类也在探索各类知识的过程中，力图理解人性。从这方面说，人类可能是独一无二的。在生物学意义上，人类和猿类具有相似的脑，大多数基因也相同。从行为上看，人类也不是唯一的社会性物种，因为许多其他动物（包括昆虫在内）都在复杂的群体中生活。但是，没有什么其他动物像人类那样，对自身充满了好奇。自我意识（self-awareness）和自我认识（self-knowledge）也许是智能的最高形式。

生命是自我复制的过程，而智能则是做出有利于自我复制的决策的能力。此外，尽管不同物种之间存在很大差异，但所有生命形式从根本上说都是社会性的。即使最孤立的生命形式在繁殖时也需要和其他个体进行互动；这样一来，它们就因为要分摊资源，而存在潜在的冲突关系，而这种关系要持续到父母与后代分离为止。随着社会规模及其复杂性的增长，社会决策需要更多信息，学习也就更为重要。在人类社会中，与他人合作并施以帮助的能力能让我们避免不必要的冲突，因此，运用心智理论对他人的意图进行适当推断的这一能力也就变得至关重要。这就引发我们思考一种可能性：在复杂社会中生存要求我们能够理解他人，而自我认识这种特殊的能力也许是前者带来的一种副产品。尽管如此，与对环境中其他有生命或无生命的对象进行预测相比，自我认识仍然存在一些本质区别。在这一章里，我们将探讨，当具有智能的生命形式具备了解自己的能力，并且试图将其付诸实现的时候，会发生什么情况。

自我认识的悖论

对自我的认识和理解是一种知识。在决策过程中，这样的知识可以用来预测各种行为的结果。决策的性质和复杂程度决定了作决策需要什么类型的知识。自我认识在社会决策中不可或缺。在一个复杂的社会里，随着人们开始互动，为了能够准确预测他人的行为，人们就必须了解他人的认知过程和决策策略。这种推理过程必然是循环往复的——当我试图了解你对我的想法时,我不可避免会间接地了解自己——自我认识也随之产生。因此,人类的自我认识和自我审视可能是脑在适应社会环境时进化的副产品,是因应需要准确预测他人行为的环境而产生的。具有讽刺意味的是,正如遗传物质的自我复制无法做到尽善尽美一样,自我认识也不可能是完备的。遗传物质的复制是一个物理过程,因此受到物理学定律(尤其是热力学第二定律)的约束。从生物物理学的角度看,达成某种形式的自我认识也许并不涉及物理实体的复制,但是自我认识可能会导致一系列逻辑悖论。

在自我认识中,寻求知识的人成了知识所涉及的对象本身,人的想法可以指向自身,从而产生自我指涉(self-reference)。自我指涉可能会带来一些难以解决的问题,一个有名的例子就是"说谎者悖论"(the liar's paradox)。说谎者悖论指的是,一个人说"我在撒谎",或是写下"这句话是错误的"。如果这人在说谎,那么这句话一定是假的,那么他就没有说谎,从而产生了矛盾。如果他说的是实话,那么这句话必须为真,所以他在说谎。这也是一个矛盾。所以,这个句子既不能是真的,也不能是假的,因而造成了一个悖论。另一个类似的

图 9.1 雷内·马格利特(Rene Magritte)在 1928—1929 年间的作品《形象的叛逆》,画中有一行文字"这不是一个烟斗"。版权由 Herscovici/Artists Rights Society 所有

例子，是1928年至1929年超现实主义画家雷内·马格利特创作的一幅画作《形象的叛逆》（图9.1）。

说谎者悖论之所以产生矛盾，是因为它包含了自我指涉。自我指涉导致的另一个著名的悖论是罗素悖论（Russel's paradox），也称为理发师悖论（the barber's paradox）。这个例子是下面的命题：某个镇上的一位理发师只为而且必须要为所有自己不刮胡子的人刮胡子。这是一个悖论，因为我们没法确定这位理发师能不能给自己刮胡子（这也是一种自我指涉）。如果答案是肯定的（理发师给自己刮胡子），这就和他只服务那些自己不刮胡子的人的命题相矛盾。如果答案是否定的（理发师不给自己刮胡子），也是一个矛盾，因为违背了他要为所有自己不刮胡子的人刮胡子的原则。因此，无论理发师给不给自己刮胡子，都会存在矛盾。

包含自我指涉的命题或句子很容易成为悖论。当多个决策者在社会情境中进行互动，并以递归方式推断他人的行为时，相似的问题很可能也会发生，因为这一过程可能会产生自我指涉。当一个人的推断开始一环套一环地加入对他人想法的揣测时，我们可以创造一些复杂但看起来没什么毛病的句子，比如：

A认为{B觉得[A判断（B的想法是错误的）]}。

这句话所描述的情况，与有时我们对别人的想法所做的推断（就像在剪刀石头布游戏中一样）没有本质上的区别。要理解这句话会导致怎样的矛盾，我们来考虑下面这个问题：A是否认为B的想法是错误的？如果答案是肯定的，那么从A的角度看，B关于"A判断B的想法是错误的"的想法必须是正确的。然而这就意味着，A就不应认为B的想法是错误的，这就产生了矛盾。另一方面，如果答案是否定的，那么在 A 看来，B 的想法"A 判断 B 的想法是错误的"就是错误的，这意味着 A 确实认为 B 的想法是错误的。这也与原来的句子相矛盾。因此，无论是两种情况中的哪一种，该句子都含有逻辑上的矛盾。这句话是亚当·布兰登伯格（Adam Brandenburger）和 H. 杰罗姆·凯斯勒（H. Jerome Keisler）在他们 2006 年发表的论文中提出的，因此称为布兰登伯格-凯斯勒悖论。

从上面这些例子中我们能看到，如果我们使用任何可以指向某个事物的词（例如"知道"或"相信"），并将其重新指向主语时，都可能会产生逻辑悖论。说谎者悖论提醒我们，分出真假并非总是那么容易。罗素悖论提醒我们，并非总是能够将任何事物根据某种属性分成互斥的两组。布兰登伯格-凯斯勒悖论提醒我们，社会关系中的递归推理可能导致无穷无尽的连环套。

从物理学上说，一台机器不可能完全无误地复制自己。同样，没有了逻辑矛盾，也许人类就无法完全理解自己。然而，复制过程中的错误带来的突变是进化所必需的，物理机器之所以能够进化，恰恰正是因为它们自我复制的过程并不完全精确。生命的本质并非完美的自我复制，而是近乎完美却略有微瑕的自我复制。因此，即便不能获得完整、逻辑上自洽的自我认识，或许我们也不必失望，因为这不见得是件坏事。以递归方式应用心智理论的能力很有益处，因为它使人们得以预测他人的行为，从而改善社会结构，并使其更加稳定。如果自我认识源于递归心智理论，它最重要的功能可能就是帮助我们预测自己的行为。然而，我们要提醒自己，这种自我认识有一定的局限性。像"我没有说谎"这样指向自身的陈述，对逻辑学家和哲学家来说是饶有趣味的话题，但它们并不能帮助我们在日常生活中做决定。

逻辑悖论和矛盾并不是自我认识带来的唯一负面后果。试图基于自我认识来预测自己的行为可能会产生其他意想不到的影响。比如，如果我们对自己在未来行为的预测十分乐观，这种预测就可能成为一种称为"自证预言"（self-fulfilling prophecy）的心理学效应，因为在做出一个关于自己的预测后，你也许会自觉或不自觉地做出使这一预测更可能成真的行为。另一方面，如果我们对自己的预测过于悲观或负面，那么在做出这样的预测之后，我们反而会使得它无法实现：如果我估计今天下午 6 点之前会饿，那就会促使我在下午 6 点之前吃点东西，从而避免预期的饥饿感。因此，这种预言往往适得其反，但它们有时能帮助我们避免某些不良后果，因此仍有一定的益处，而且也很难彻底消除。

自我认识引发的问题还包括自由意志（free will）的概念，它指的是一个人控制自己行为的能力。弄清人到底能不能控制自己的行为，是我们渴望了解自身的重要原因之一。不同于探讨宇宙万物是否具有确定性那样的物理学问题，对自由意志的讨论本质上与脑如何工作这一物理学过程无关。一旦我们意识到，"自我"这一概念是在递归使用心智理论时的副产品，并不是一个能脱离心智模拟过程而独立存在的物理实体，我们就没理由觉得自由意志问题可以有一套自圆其说的结论。

元认知和元选择

为了提高决策能力，基因和脑在进化过程中开发出了大量学习策略，自我认识正是此中产物。人们不会仅仅依靠一种规则或策略来选择所有行动。相反，在不同情况下，它们根据问题所需要的知识水平和时间限制采取不同的决策方式。因此，我们经常面临所谓的"元选择"（meta-selection）问题，即在不同类型的学习和决策方法中进行选择，也就是关于选择的选择。当我们把某个概念应用于其自身，我们就会用上"元"（meta）这个词根，此时可能也会包含自我指涉。

例如，在计算机科学中，术语"元数据"（meta-data）指的是含有关于其他数据的信息的数据。

在我们的日常生活中，要找到元选择的例子并不难。比如，假设你正在选择度假目的地。你可能有许多不同的选择——如果你喜欢大自然，你可能会对美国黄石国家公园一类的风景区感兴趣；如果你喜欢的是博物馆，你可能要去伦敦或巴黎等大城市。如果在众多选项中做选择真的很难，你也许会决定找家旅行社进行咨询。如果可供选择的旅行社很多的话，这时又会产生一个新问题。不同的旅行社对于不同的区域或者不同类型的旅行团可能各有所长。现在，你得先在旅行社之间做出选择，以找出能帮你选择出行目的地的选择。这就是一个元选择。

显然，在进行元选择时，我们需要考虑的信息类型与原来的选择所需的信息完全不同。在选择度假目的地时，你考虑的可能是距离、机票价格、当地有什么活动和美食等因素。而在选择旅行社时，你考虑的则是旅行社职员的服务态度、旅行社的声誉、团费报价等问题。同样，在不同的决策策略或学习算法之间进行选择时，脑的评判标准将与这些个别策略或学习算法的工作方式完全不同。在一个元选择中，决策者需要评估不同决策策略或学习算法的表现或可靠性。更笼统地讲，关于其他认知过程的认知过程可以称为"元认知"（meta-cognition）。因此，元选择是元认知的一种。

元认知是人类智能不可或缺的一部分，我们对其依赖程度之高，也许超出许多人的意料。元认知的其中一项重要功能，是评估我们做出的所有判断的准确性和有效性。例如，假设有人考你，甲壳虫乐队的制作人是谁。尽管正确的答案是乔治·马丁（George Martin），但你也许不会在想到的瞬间就立马说出来，尤其是当你担心答错而让自己尴尬的时候。在给出答案之前，你可能想再考虑几秒钟。越是对答案不确定，你越可能在回答前犹豫。这种对答案正误可能性的感觉，也是元认知的一部分。

我们熟悉的另一种元认知过程是"知晓感"（feeling of knowing）。知晓感指的是，在想起回答某个问题所需的信息之前，就事先知道自己的记忆中是否存有该信息。对知晓感的研究基于以下事实：从记忆中检索信息有两种不同的方式，回忆（recall）和再认（recognition）。回忆是指在没有看到可能的答案的情况下，从记忆中检索出相关信息的过程。例如，回答诸如"世界上最高的山是哪座"之类的问题，需要用到回忆过程。相比之下，再认是指同时看到正确答案与其他干扰项时，找出正确答案的能力。再认比回忆容易。即使你想不起乔治·马丁的名字，一旦将他和其他音乐制作人的名字一起给你看，你也许就能认出他才是甲壳虫乐队的制作人。因此，回忆像是做填空题，而再认则是做多项选择题。如果在做某个填空题时，你对正确答案有一种知晓感，那么当同一个问题以多项选择题形式出现时，你会很有信心选对。的确有研究表明，知晓感预告了答案的准确度，说明人们可以信赖自己的知晓感。基于人类脑损伤和神经成像实验的研究表明，知晓感离不开内侧前额叶皮层的正常运作。

知晓感的研究者通常要求被试者口头汇报他们有多相信自己知道问题的答案。与此相似，为了研究信心（confidence），研究人员通常会问被试者对他们先前给出的答案有多确定。但是，这些问题含糊不清，其答案带有很大的主观性，同时也无法精确计量。更重要的是，任何基于人类语言的方法都难以用到对其他动物的认知过程的研究。幸好我们有更为客观和定量化的方法来研究信心和其他类型的元认知。一种方法称为决策后下注（post-decision wagering）。尽管这一方法的名字听起来有些陌生，但它在日常生活中很常见，尤其在一个人的话难以置信的时候，人们经常用它来提出质疑。比如，让我们想象一下，有人预言明天会下雨。我们固然可以问这个人，他对此有多确定，但是答案是否真的反映了其内心的态度依然难以评估。相反，我们可以用决策后下注来更客观地确定此人对其预言的信心。比如，我们可以提出一系列如下形式的赌局：如果明天真的下了雨，预言明天下雨的人会得到 x 元，但如果没有下雨的话，他必须支付 100 元。我们不妨假设如果下雨的话，预言者会得到 100 元，即 $x=100$。如果预言者接受这个赌局，就意味着他认为自己预言正确的概率至少是 50%。当明天可能下雨的主观概率超过 50% 时，这一赌局的期望值为正，因此有利可图。相反，如果这一概率小于 50%，则期望值将为负，因此预言者会拒绝。让我们假设，这个人接受了 x 为 100 的赌局。如果我们想进一步找出他对自己的预言的信心是否超过 80%，我们可以用另一个赌局（如 $x=25$）来验证。换句话说，除非此人至少 80% 确信明天会下雨，否则就不会接受这么不公平的赌局。如果预言者对他的预测完全确定，从数学上说，即使 x 无限小，他也会接受赌局。决策后下注可以用在非人类动物的实验里。事实上，已有科学家发现，前额叶皮层和其他联合皮层区域中单个神经元的活动与猴子和啮齿类动物决策过程中的信心有关。

　　我们在决策后下注的例子里可以看到，一个人对自己知识的自信程度在元选择中起到重要作用。同样的道理，为了在不同的决策策略和学习算法之间进行选择，我们必须准确评估其可靠性和表现。例如，如果你不停地遇到相对较大的奖赏预测误差，这就表明你的无模型强化学习算法不太可靠，你也许应该对基于模型的强化学习给予更多重视。与此相比，基于模型的强化学习表现如何，取决于决策者是否对所在的环境有准确的了解。如果这一知识是准确的，那么学习算法应该能相对准确地预测采取行动后环境将如何变化。比如，如果我对一个城市的地铁系统非常熟悉，那么我用不着查看路线图就能预报下一个车站。相反，如果我总是说错下一个车站是哪个，那就意味着我对这个地铁系统的知识需要修正。在某个行动以后，环境的实际状态与之前预测的环境状态不同（比如在你说错了下一站的名称）时，该差异称为状态预测误差（state prediction error）。因此，如果一个人经常碰到状态预测误差，那么他也许应该改用无模型的强化学习。当然了，假如一个人刚进入一个新环境，他可能会连续遇到奖赏预测误差和状态预测误差。在这种情况下，除了努力尽快了解新环境之外，可能没什么好办法。当你刚搬到一个新环境的时候，至少在最开始，没有任何强化学习算法能够可靠地指导行为。随着对环境的逐渐熟悉与经验增长，所有学习算法的可靠性都将逐渐提高，但是对于任何一个给定的问题来说，哪种算法更可靠，也许很难预测，并取决于许多因素（如环境的复杂度和其他可供选择的行动的数量）。最近的研究表明，与评估不同强化学习算法可靠性相关的功能可能位于外侧前额叶皮层（lateral prefrontal cortex）和额极皮层（frontal polar cortex）等脑区（图9.2）。我们前面讲过，内侧前额叶皮层可能与知晓感相

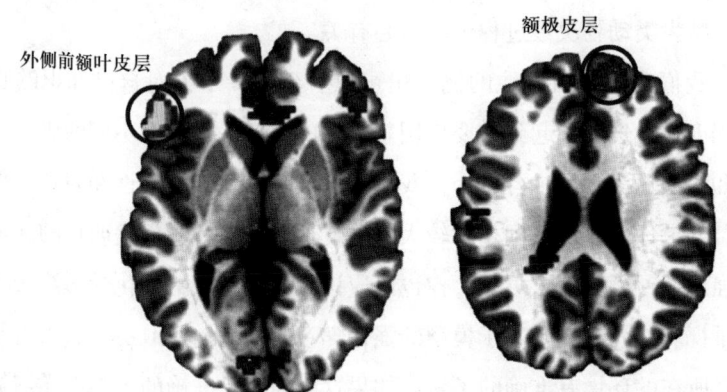

图9.2 在强化学习中与元选择有关的外侧前额叶皮层（LPFC）和额极皮层（FPC）。引自 Lee SW，Shimojo S，O'Doherty JP（2014）"Neural computations underlying arbitration between model-based and model-free learning." *Neuron 81*：687-699（原文图4A）。版权由 Elsevier 所有（2014），经许可转载

关。因此这些结果表明，元认知和元选择的不同组成部分可能分别由前额叶皮层的各个具体分区实现。

智能的代价

生活中充满了权衡。要做成任何有价值的事情，都需要在一些次要的事情上做出牺牲，这也许是一条永恒的真理。比如，拥有更大的脑有很多好处。脑更大的动物可以从周围的环境中获取更多信息，然后利用这些信息做出明智的选择，以获得更理想的结果。但是，更大的脑同时也需要更高的维护成本，脑较大的动物必须寻找、食用和消化更多的高热量食物。因此，动物要负担得起更大的脑，前提是能够获取足够的热量和其他营养。这就好比大型企业的研发部门，它们必须为企业开发出有利可图的新技术和产品，才有继续存在下去的资本。较大的脑还有其他缺点。例如，长出一个比较大的脑要耗费很多时间，因为这需要在许多神经元之间建立海量的精确连接。如此漫长而复杂的发育过程也更有可能出错，从而导致成年大脑无法正常工作。在人类中，更长时期的脑发育也意味着孩子需要父母更长时间的保护。对于哺乳动物（特别是对人类）来说，婴儿的脑越大，分娩时母婴的风险也会越高。

对于学习和决策来说，权衡取舍也同样存在。例如，线虫仅仅在受精三天以后就可以开始产卵。在这样短的时间内，线虫个体就能产生300多个神经元，并在它们之间建立适当的连接，使得这些神经元能够产生生存和繁殖所需的所有行为，实在让人惊叹。这样极致的速度和简化也给线虫带来了代价——它们只能进行形式相对简单的学习，例如习惯化和经典条件反射。相比之下，由于哺乳动物的脑要复杂得多，因此它们除了习惯化和经典条件反射以外，还能通过操作条件反射来改变自身行为。哺乳动物也可以使用基于模型的强化学习来获取关于环境的抽象知识，并用它来指导自己的行动。不仅如此，人类和猿类还会使用更为复杂的方法（如心智理论）在社会情境中做决定。当然，拥有许多复杂的学习和决策方法也是有代价的。比如，随着自我认识从心智理论的递归式应用中产生，逻辑悖论可能也会随之而来，并对适应性行为产生干扰。负面情绪和精神疾病也是复杂的学习算法的副作用。

　　人类和其他动物使用的所有学习算法都需要某些类型的误差信号，这可能会带来一些不良后果。我们在第 7 章中提到，无模型的强化学习依靠奖赏预测误差。无模型强化学习这种学习算法的本质，是根据结果与先前预期之间的比较来调整每个行动的价值。因此，除非彻底弃用该算法，不然想要彻底避免负奖赏预测误差并不现实。从心理上讲，负的奖赏预测误差表现为失望情绪。如果你从不感到失望，未曾体验到负奖赏预测误差，这就表明你对未来得到奖赏的期望可能太低了，这会使你无法采取许多可能对自己有益的行动。无模型的强化学习有时也会产生正奖赏预测误差，即欢欣情绪。虽然一个人不可能在同一时刻同时感到失望和欢欣，但是它们就像同一枚硬币的两面一样相伴相生——你没法只留下其中一个。基于模型的强化学习会产生后悔和宽慰两种相反的情绪，也是同样如此。基于模型的强化学习算法要成功执行，人就必须通过心理模拟来评估其他行动可能会产生怎样的假想结果。这些模拟出来的结果中，也许会有一些比你实际获得的结果更好。因此，要得到基于模型的强化学习带来的种种优势，我们就不得不接受后悔这一副产品。

　　当脑运行心理模拟，并根据想象中的行动和结果在脑海中创造一个虚构故事的时候，避免把这样的故事与现实搞混极为重要。这是使用基于模型的强化学习算法的脑所特有的一种风险，而仅依赖于无模型的强化学习的动物则用不着担心这样的问题。当我们利用心理模拟来调整不同动作的价值时，实际上未发生的、在心理模拟过程中虚构出来的事件仍会存储在记忆中。因此，脑必须能区分对真实经验和想象事件的记忆。记住具体的记忆如何形成（包括它们来自真实还是虚拟的经验）的能力称为源记忆（source memory），这是元认知的另一个例子。由于源记忆是关于记忆的记忆，因此它也是"元记忆"。源记忆对于正常的社会生活至关重要。举个例子，现在试着想象你借了500元钱给一位朋友。也许几天以后，你可能还记得自己曾经想象过借钱给朋友。如果你的元记忆（或源记忆）是准确的，那么你会知道这仅仅是自己的想象而已，而你实际上并没有真的把钱借给谁。不过，不妨想想看，要是你无法区分自己的想象和真实发生的事情，那会发生什么？假如没有源记忆，你恐怕就要真的以为别人欠了你钱，准备讨债去了。

源记忆出错，会导致现实与想象之间的界限不再清晰，从而产生了诸如妄想（delusion）和虚构（confabulation）等精神症状。这些症状在许多精神疾病（包括失智症［dementia］和精神分裂症［schizophrenia］）中都很常见。即便在健康人身上，源记忆有时也会失灵。比如，我们偶尔可能会搞不清楚在梦中经历的事情是不是真的发生过。我们通常不必为偶发的源记忆出错而惊慌，然而边缘性人格障碍（borderline personality disorder）患者在试图辨别梦境和现实中的内容时，却面临着真切的困难。另外，源记忆障碍可能还与这些患者身上其他与人际关系相关的症状有关。因此，尽管基于模型的强化学习和心理模拟可以为我们在复杂环境中带来更好的决策策略，但这也需要我们能把对真实事件和想象事件的记忆区分开来。如果一个人把心理模拟中想象出的事件当成真实发生的事件，并以此行事，其结果可能会比仅依靠无模型的强化学习来做决策糟糕得多。

基于模型的强化学习和心理模拟带来的另一个难题，是决定在做出决策之前，进行多少心理模拟才够用。对于那些可能改变一生的艰难决定，需要考虑的重要因素可能极为繁多。在大型组织（如公司或政府机构）中，许多人会参与到决策过程中来，并在各种会议上与他人分享其心理模拟的内容。这也使得要进行模拟的不同场景的数量和范围大为扩展，这样一来，要及时就最佳行动方案达成共识就变得更难了。过度的心理模拟对于我们而言都不陌生。对过往的负面经历进行过多的心理模拟，称为心理反刍（rumination），这是抑郁症的一种常见特征。尽管心理模拟有这样的副作用，但是我们要基于对环境的了解，来选择更合适的行动，就离不开它。无论我们对环境的了解有多深，没有心理模拟，我们都无法准确地预测不同的行动会产生什么结果，并且做出明智的决策。这或许也可以解释为什么抑郁症患者有时会在需要缜密分析的复杂决策任务中表现得更好。

我们已经提到过，失望和后悔分别是与无模型的强化学习和基于模型的强化学习相关的负面情绪。我们有时还会遇到另一种负面情绪——嫉妒（envy）。当人们发现自己的境况不如别人时，就会感到嫉妒。这三种负面情绪的共同点是，当我们的行动带来的结果比原来预期的要糟糕时，我们就会体验到这样的负面情绪。因此，嫉妒就像失望和遗憾一样，是学习过程中的一种误差信号，意味着你的行为也许需要做些改变。如果同一群体中其他人比你获得了更好的结果，那么这表明你也许还没发现最优行为策略。嫉妒是一种生物学信号，它提示你在积累足够的经验和知识之前，采用别人的策略也许会更好。

与失望和遗憾相比，嫉妒的本质区别在于我们的预期从何而来。失望或负奖赏预测误差是无模型强化学习的一部分。而后悔是心理模拟的产物，它来自基于模型的强化学习。与此相似，当我们意识到自己获得的结果不如他人时，我们会感到嫉妒。这与我们会感到失望或遗憾从根本上说没什么不同——都是强化学习中的误差信号。强化学习就是通过使这样的误差信号尽量变小来实现的。当个体可以观察到群体中其他人的行为时，嫉妒为在新情况下找到最适当的行为提供了另一种方式。模仿和观察学习可以取代基于试错的学习方式。而且，它也不需要对环境的深入了解，因此有时会比基于模型的强化学习更为高效。嫉妒为这种社会学习提供了重要的误差信号。

  模仿和观察学习在人类早期发育中起到了特别重要的作用。在具有精密层级结构和先进技术的复杂社会中，要使用以试错为基础的学习算法（如无模型的强化学习）来学习所有事物，将会极为缓慢而低效。而基于模型的强化学习算法要在长时期的教育之后，才能为人们选择适当的行动。模仿和观察学习为这些耗时的学习算法提供了一种简便的替代方案。例如，试想你在一个外国城市，需要从自助售票机购买火车票。如果售票机不能显示你熟悉的语言，你可能会观察其他人是怎样买票的，并且直接模仿他们的行动。就像在这个例子里一样，当许多人面临一个相同的问题时，也许有人已经投入了所需的时间和精力来寻找一个好的解决方案，而其他人可以直接模仿该解决方案。模仿和观察学习为人类发展出复杂的文化提供了重要的生物学基础。然而，人类并非唯一能模仿其他个体的物种。除了灵长类动物以外，某些鸟类也具有观察和模仿其他动物的行为的能力。在某些情况下，这带来了动物个体之间的一些初级文化现象。

  为了使我们的脑配备选择最优行为所需的各种功能，人类承担了巨大的成本，其中包括了伴随不同类型的学习算法而来的各种负面情绪。此外，为了结合不同学习算法的优势，脑还需要元认知能力来评估这些算法的可靠性。这样的元认知过程可能会产生自我指涉，因此还需抵御逻辑悖论的影响。基于模型的强化学习需要对心理模拟的程度进行合理控制。不幸的是，随着不同的学习算法和认知过程越来越多，负面情绪的数量及其潜在的副作用也随之增加。除了我们已经讨论过的负误差信号以外，其他负面情绪（如恐惧和焦虑）也与特定类型的学习和决策密切相关。尽管我们不喜欢这些负面情绪，但就像我们感受躯体疼痛的能力一样，它们对于改善我们的生活质量是不可或缺的。有一种罕见的病症，称为先天性痛觉不敏感（congenital insensitivity to pain），或先天性无痛症（congenital analgesia），该病患者可能会完全丧失感受疼痛的能力。这种状况非常危险，因为没有了疼痛，先天性无痛症患者往往无法对伤病做出适当的反应。同样，各种负面情绪是被写入基因里的警示信号，用来促成各种与基因复制这个最终目标相一致的行为。

第 10 章

结语：
留给人工智能的问题

在过去半个世纪中，心理学、神经科学和计算机科学的进步极大地扩展了我们对智能的理解。但是，我们对人类智能的认识仍然非常有限。在社会变化速度与日俱增的背景下，要预测人类智能的某些局限性和弱点可能会在未来给我们带来怎样的危机，并非一桩易事。在技术创新面前，传统的价值体系和观念往往不再有效，其中重要的原因便是数字设备和通信与生物医学技术的进步。为了适应我们社会如此快速的变化，了解人类智能的局限性将变得越来越关键。对人类智能更为深入的理解，对于准确预测人工智能技术在未来的角色，以及它将如何改变人类与机器之间的关系，同样至关重要。在这最后一章里，我将讨论，利用本书所介绍的关于智能演进过程的知识，我们可以更好地预见，未来愈加强大的人工智能会对人类文明产生怎样的影响。

在本书开端，我强调了区分智能和智商的重要性。智能是做出正确决策，并解决生命在不断变化的环境中面临的各种问题的能力。在不同的情况下，一个问题的最佳解决方案取决于生物个体的需求和偏好。这就意味着，最合适的智能形式会随着生物个体所在的环境而变化。因此，将一种生命形式的智能简单粗暴地用一个数字来描述，并没有什么意义。

给诸如智能这样的复杂功能赋予某个数值，有时候不失为一种简便的做法，这也是为什么几乎任何事物都有排行榜的原因。被我们排名的，不仅包括流行歌和球队，还有企业和大学，然而这些排名往往都带有很大的主观因素。与此同时，只用一个数字来概括包括智能在内的复杂功能，也很有误导性。它会让人错误地以为，我们可以在同一尺度上比较生物智能和人工智能。要比较两个人的身高很容易，但这只不过是人体无数物理特征上全部差异的九牛一毛。同样的道理，智商只关注人类智能的单一方面，可以用来对不同的人在这一方面进行排名。例如，我们可以用智商分数来代表某些空间感知能力或对单词的记忆。但是，智商并不能完整反映一个人的智能。

智商的广泛使用，离不开20世纪席卷全球的工业化浪潮。然而，随着人工智能应用范围越来越广，个人的独特能力将变得比智商和其他对智能的标准化测量更为重要。智商旨在量化与经济生产力最为相关的认知能力。但是，随着计算机和人工智能变得越来越先进，我们社会中用于实现经济产出最大化的人力劳动，也会从本质上发生变化。例如，在过去，人类社会花费大量的时间和资源来积累、储存和检索经济活动和相关法律程序所需的知识。因此，在医学、法律等需要大量培训的领域中，专业人士会得到丰厚的回报。在这些行业里，为了筛选合适人选进行专业培训，时常会用到智商测试和其他标准化考试。随着人工智能逐渐能以同样的专业知识和经验来协助甚至取代这些行业里的专家，相关领域的标准化测试和考试可能会逐渐失去其价值。

在全书中，我一直强调智能在生物学和进化上的根源，也正因为这样，动物和人类智能之间具有连续性。人类和其他灵长类动物的智能具有许多共同特征。尽管如此，人类智能有两点与人类之外的灵长类或其他动物的智能区别较为明显，它们就是我们在第8、9两章中介绍的社会智能和元认知。比起如经典条件反射和操作条件反射等更为基本的学习算法，人类认知在这两个方面上与其他动物共同之处较少。也因为这个原因，我们仍然对社会智能和元认知智能的精确本质和生物学机制知之甚少，也就不足为奇了。因此，要对新兴的人工智能技术将对人类文明带来怎样的影响提出深刻见解，也许需要对我们自身的社会和元认知能力获得更深入的认识。社会智能和元认知恰恰也为最受人类欢迎的各类活动（如体育、音乐、艺术和科学）奠定了基础，这绝非偶然。随着人造机器与人工智能对人类的商品生产过程做出越来越大的贡献，并将更多的人类劳动力解放出来，娱乐活动和个人发展将会变得愈加重要。人类社会可能会在这两个方面投入更多的资源，这也要求我们对人类智能获得更为精确的了解。

如今，对人类的社交和元认知能力的研究获得的重视与投入日益增加。我预期，神经科学和计算机科学将在这两个重要的研究领域中发挥最为关键的作用。人类智能是我们的脑的产物，因此，要提出严谨的智能理论，离不开对脑的发育过程和脑功能的进一步深入了解。当前，可用于测量活体人脑活动的仪器（如核磁共振成像）的精度十分有限。研发能够精确探测甚至控制人脑神经活动的非侵入性技术，将大大加快这一领域的发展。计算机科学和人工智能研究也与神经科学有着密切的联系，因为它们提供了有价值的数学框架，来对复杂的行为及其物理机制进行分析。近年来的机器学习革命已经证明，数字和计算技术的不断发展不仅将改变业界的面貌，而且还将改写我们对人类智能的认识。对社会智能和元认知智能的进一步理解也将有助于寻找许多长久以来困扰人类的脑功能障碍的病因，甚至找出其治疗方法，从而改善我们的生活质量。

尽管社会智能和元认知是人与其他动物最为显著的区别，但我们没有理由认为，人工智能无法实现这样的功能。随着人工智能技术的发展，社会智能和元认知智能将成为人工智能越来越不可或缺的组成部分。然而，这并不意味着我们已经接近技术奇点，也不意味着人工智能将要开始在所有智能的领域取代人类。这并不会很快发生，因为智能是以自我复制为定义的生命的一种功能。正如我们在本书中所看到的，为了提高自我复制的效率，生命在进化过程中基于委托-代理关系的原理发明了几种主要的解决方案。生殖细胞与体细胞之间、脑与基因之间的分工都是委托-代理关系的例子。只要计算机不能在物理上自我复制，人类将仍然是计算机的委托人，并通过人工智能控制后者的行为。这就好像脑无法自我复制，因此始终扮演基因的代理人的角色一样。

每个人工智能程序都是人类为了解决某个细分领域内的具体问题而编写出来的。在实际应用中，它们的运作效率必须比人类更高效，不然社会就不会产生任何对人工智能技术的经济需求，它们只能作为自娱自乐或是科学研究的对象存在。因此，人工智能与人类之间在工作性能上的竞争并不能构成对人类社会的威胁，而是人工智能的必要条件。脑进化成为复杂的学习机器，这是解决脑与基因之间的委托-代理关系的一种方案，而并非对基因的威胁。同样，人工智能技术本身的发展不会对人类构成威胁。只有当人工智能具有一套与人类相互敌对的独立价值体系和效用时，它才会成为一种真正的危险。否则，从本质上说，人工智能只不过是人类发明出来用以提高劳动效率的众多工具之一。

那么，我们可以理所当然地认为，在人类与具有人工智能的机器的关系中，人类将始终是委托人吗？答案也许是肯定的，但要小心的是，这个问题里有一个陷阱。如果我们想继续在与人工智能的关系中扮演委托人的角色，那么我们就不应该创造无须人工干预就能复制自己的机器。真正的自我复制机器必须能够完成自我复制所需的所有功能，包括零件的收集和组装。在这一过程中，对能够控制这样机器的软件进行复制，只不过是自我复制过程中最微不足道、最容易的一部分。因此，计算机病毒不是人造生命。由受精卵到成年人类的发育过程极为复杂，其中也包括学习。同样，一台能自我复制的机器，必须掌握能在不确定的实体环境中让自身生存和复制下去的一切办法。可复制自身的智能机器将是一种生命形式，即使它最初是由人类创造的。具有这种能够自我复制的人工生命形式的人工智能将是真正的智能，并且可能对我们这一物种构成威胁。这与遇到比我们先进的外星文明在本质上没有区别。

要预测人类如何能够创造人造生命、何时能这样做，是桩难事。这一过程与过去几十年来数字计算机和人工智能技术的发展有很大不同。对于人造生命的技术，以及它可能会如何影响人类与人造机器之间的关系，其中还有许多问题没有答案。例如，尽管具有人工智能的机器目前仍作为人类用户的代理人存在，它们是否会伴随技术革新逐渐获得人造生命？如果会的话，发生这种转变需要什么条件？这将如何改变人类文明？我们还不知道这些难题的答案。但是，有朝一日，我们也许会拥有能比人类更好地理解和回答这些问题的人工智能。如果这种情况在人类创造出人造生命之前发生，我们应该在这样强大的人工智能获得自己的生命之前，问一问它，具有人造生命的人工智能将如何改变人类的生活。

参考文献

References

第 1 章 智能的层次

Alcock J. (2013) Animal Behavior: An Evolutionary Approach, 10th Edition. Sinauer Associates, Inc.

Bielecki J, Zaharoff AK, Leung NY, Garm A, Oakley TH (2014) Ocular and extraocular expression of opsins in the rhopalium of *Tripedalia cystophora* (Cnidaria: Cubozoa) . PLoS ONE 9: e98870.

Dener E, Kacelink A, Shemesh H (2016) Pea plants show risk sensitivity. Current Biology 26: 1763-1767.

Herculano-Houzel S (2016) The Human Advantage: a New Understanding of How Our Brain Became Remarkable. MIT Press.

Mancuso S, Viola A (2015) Brilliant Green: The Surprising History and Science of Plant Intelligence.

Sanderson JB (1872) Note on the electrical phenomena which accompany irritation of the left of Dionaea muscipula. Proc. R. Soc. Lond. 21: 495-496.

Varshney LR, Chen BL, Paniagua E, Hall DH, Chklovskii DB (2011) Structural properties of the *Caenorhabditis elegans* neural network. PLoS Comput. Biol. 7: e1001066.

Yarbus AL (1967) Eye movements and vision. New York: Plenum Press.

第 2 章 脑与决策

Adrian ED (1926) The impulses produced by sensory nerve endings: Part I. Journal of Physiology 18: 49-72.

Cai X, Kim S, Lee D (2011) Heterogenous coding of temporally discounted values in the dorsal and ventral striatum during intertemporal choice. Neuron 69: 170-182.

Bartra O, McGuire JT, Kable JW (2013) The valuation system: a coordinate-based meta-analysis of BOLD fMRI experiments examining neural correlates of subjective value. Neuroimage 76: 412-427.

Casey BJ, Somerville LH, Gotlib IH, Ayduk O, Franklin NT et al. (2011) Behavioral and neural correlates of delay of gratification 40 years later. Proc. Nat. Acad. Sci. USA. 108: 14998-15003.

Gallistel CR, King AP (2009) Memory and the computational brain: why cognitive science will transform neuroscience. Wiley-Blackwell.

Gilbert DT (2006) Stumbling on happiness. Knopf.

Glimcher PW, Camerer CF, Fehr E, Poldrack RA (2009) Neuroeconomics: Decision Making and the Brain. Academic Press.

Heath RG (1972) Pleasure and brain activity in man. Journal of Nervous and Mental Disease 154: 3-18.

Hwang J, Kim S, Lee D (2009) Temporal discounting and inter-temporal choice in rhesus monkeys. Front. Behav. Neurosci. 3: 9.

Ingle D (1968) Visual releasers of prey-catching behavior in frogs and toads. Brain Behav. Evol 1: 500-518.

Kahneman D, Diener E, Schwarz N (1999) Well-being: The Foundations of Hedonic Psychology. Russell Sage Foundation.

Kandel ER, Schwartz JH, Jessell TM, Siegelbaum SA, Hudspeth AJ (2013) Principles of Neural Science. 5th Edition. Mc-Graw Hill Companies.

Lee D (2006) Neural basis of quasi-rational decision making. Curr. Opin. Neurobiol. 16: 191-198.

Leigh JR, Zee DS (2015) The Neurobiology of Eye Movements. Oxford Univ. Press.

Loewenstein G, Read D, Baumeister RF (2003) Time and Decision: Economic and Psychological Perspectives on Intertemporal Choice. Russell Sage Foundation.

Logothetis NK, Wandell BA (2004) Interpreting the BOLD signal. Annu. Rev.

Physiology 66: 735-769.

McComas AJ (2011) Galvani's Spark: The Story of the Nerve Impulse. Oxford Univ. Press.

Mischel W, Shoda Y, Rodriguez ML (1989) Delay of gratification in children. Science 244: 933-938.

Robinson DA (1972) Eye movements evoked by collicular stimulation in the alert monkey. Vision Res 12: 1795-1808.

Rosati AG, Stevens JR, Hare B, Hauser MD (2007) The evolutionary origins of human patience: temporal preferences in chimpanzees, bonobos, and human adults. Curr. Biol. 17: 1663-1668.

Thaler RH (1991) Quasi Rational Economics. Russel Sage Foundation.

Tootell RB, Hadjikhani NK, Vanduffel W, Liu AK, Mendola JD, Sereno MI, Dale AM (1998) Functional analysis of primary visual cortex (V1) in humans. Proc. Natl. Acad. Sci. USA 95: 811-817.

第 3 章 人工智能

Bostrom N (2014) Superintelligence: Paths, Dangers, Strategies. Oxford Univ. Press.

Horowitz P, Hill W (2015) The Art of Electronics. 3rd Ed. Cambridge Univ. Press.

Koch C (1999) Biophysics of Computation: Information Processing in Single Neurons. Oxford Univ. Press.

Kurzweil R (2005) The Singularity is Near: When Humans Transcend Biology. Penguin Books.

NASA website. mars.nasa.gov.

Merolla PA, Arthur JV, Alvarez-Icaza R, et al. (2016) A million spiking-neuron integrated circuit with a scalable communication network and interface. Science 345: 668-673.

Peter Stone, Rodney Brooks, Erik Brynjolfsson, Ryan Calo, Oren Etzioni, Greg Hager, Julia Hirschberg, Shivaram Kalyanakrishnan, Ece Kamar, Sarit Kraus, Kevin Leyton-Brown, David Parkes, William Press, AnnaLee Saxenian, Julie Shah, Milind Tambe, and Astro Teller. "Artificial Intelligence and Life in 2030." One Hundred Year Study on Artificial Intelligence: Report of the 2015-2016 Study Panel, Stanford University, Stanford, CA, September 2016. Doc: http://ai100.stanford.edu/2016-report. Accessed: September 6, 2016.

Pyle R, Manning R (2012) Destination Mars: New Explorations of the Red Planet.

第 4 章　智能与自我复制机器

Alberts B, Johnson A, Lewis J, Morgan D, Raff M, Roberts K, Walter P (2015) Molecular Biology of the Cell. 6th Ed. Garland Science.

Berdoy M, Webster JP, Macdonald DW (2000) Fatal attraction in rats infected with Toxoplasma gondii. Proc. R. Soc. Lond. B. 267: 1591-1594.

Biron DG, Loxdale HD (2013) Host-parasite molecular cross-talk during the manipulative process of a host by its parasite. J. Exp. Biol. 216: 148-160.

Dawkins R (2006) The Selfish Gene. 30th Anniversary Ed. Oxford Univ. Press.

Higgs PG, Lehman N (2015) The RNA world: molecular cooperation at the origins of life. Nature Rev. Genet. 16: 7-17.

Kaplan HS, Robson AJ (2009) We age because we grow. Proc. R. Soc. B. 276: 1837-1844.

Kosman D, Mizutani CM, Lemons D, Cox WG, McGinnis W, Bier E (2004) Science 305: 846.

Lincoln TA, Joyce GF (2009) Self-sustained replication of an RNA enzyme. Science 323: 1229-1232.

McAuliffe K (2016) This is your brain on parasites. Houghton Mifflin Harcourt.

Mlot C (1989) On the trail of transfer RNA identity. BioScience 39: 756-759.

Moore J (2002) Parasites and the behavior of animals. Oxford Univ. Press.

Parker GA, Chubb JC, Ball MA, Roberts GN (2003) Evolution of complex life cycles in helminth parasites. Nature 425: 480-484.

Robertson MP, Joyce GF (2014) Highly efficient self-replicating RNA enzymes. Chem. Biol. 21: 238-245.

Robertson MP, Scott WG (2007) The structural basis of ribozyme-catalyzed RNA assembly. Science 315: 1549-1553.

Taylor AI, Pinheiro VB, Smola MJ, Morgunov AS, Peak-Chew S, Cozens C, Weeks KM, Herdewijn P, Holliger P (2015) Catalysts from synthetic genetic polymers. Nature 518: 427-430.

第 5 章　脑与基因

Herculano-Houzel S (2012) The remarkable, yet not extraordinary, human brain as a scaled-up primate brain and its associated cost. Proc. Natl. Acad. Sci. USA 109: 10661-10668.

Miller GJ (2005) The political evolution of principal-agent models. Annu. Rev. Polit. Sci. 8: 203-225.

Polilov AA (2012) The smallest insects evolve anucleate neurons. Arthropod Struct. Dev. 41: 27-32.

Polilov AA (2015) Small is beautiful: features of the smallest insects and limits to miniaturization. Annu. Rev. Entomol. 60: 103-121.

Robson AJ (2001) The biological basis of economic behavior. J. Econ. Lit. 39: 11-33.

Shappington DEM (1991) Incentives in principal-agent relationships. J. Econ. Perspect. 5: 45-66.

Varian HR (1992) Microeconomic Analysis. 3rd Ed. W. W. Norton & Company.

第6章 为何学习？

Ardiel EL, Rankin CH (2010) An elegant mind: learning and memory in *Caenorhabditis elegans*. Learn. Mem. 17: 191-201.

Breland K, Breland M (1961) The misbehavior of organisms. Am. Psychol. 16: 681-684.

Dayan P, Niv Y, Seymour B, Daw ND (2006) The misbehavior of value and the discipline of the will. Neural Networks 19: 1153-1160.

Ferster CB, Skinner BF (1957) Schedules of Reinforcement. Appleton-Century-Crofts.

Mazur JE (2013) Learning and Behavior. 7th Ed. Pearson Education Inc.

Restle F (1957) Discrimination of cues in mazes: a resolution of the "place-vs.-response" question. Psychol. Rev. 64: 217-228.

Skinner BF (1948) Walden Two. Hackett Publishing Company.

Spence KW, Bergmann G, Lippitt R (1950) A study of simple learning under irrelevant motivational-reward conditions. J. Exp. Psychol. 40: 539-551.

Thorndike EL (1911) Animal Intelligence: Experimental Studies. MacMillan.

Tolman EC (1948) Cognitive maps in rats and men. Psychol. Rev. 55: 189-208.

Tolman EC, Ritchie BF, Kalish D (1946) Studies in spatial learning. II. Place learning versus response learning. J. Exp. Psychol 36: 221-229.

第7章 学习的脑机制

Abe H, Lee D (2011) Distributed coding of actual and hypothetical outcomes in the orbital and dorsolateral prefrontal cortex. Neuron 70: 731-741.

Annese J, Schenker-Ahmed NM, Bartsch H, Maechler P, Sheh C, et al. (2014) Postmortem examination of patient H.M.'s brain based on histological sectioning and digital 3D reconstruction. Nat. Commun. 5: 3122.

Archibald NK, Clarke MP, Mosimann UP, Burn DJ (2009) The retina in Parkinson's disease. Brain 132: 1128-1145.

Bliss TVP, Collingridge GL (1993) A synaptic model of memory: long-term potentiation in the hippocampus. Nature 361: 31-39.

Camille N, Coricelli G, Sallet J, Pradat-Diehl P, Duhamel JR, Sirigu A (2004) The involvement of the orbitofrontal cortex in the experience of regret. Science 304: 1167-1170.

Coricelli G, Critchley HD, Joffily M, O'Doherty JP, Sirigu A, Dolan RJ (2005) Regret and its avoidance: a neuroimaging study of choice behavior. Nat. Neurosci. 8: 1255-1262.

Lee D, Seo H, Jung MW (2012) Neural basis of reinforcement learning and decision making. Annu. Rev. Neurosci. 35: 287-308.

Lewis DA, Melchitzky DS, Sesack SR, Whitehead RE, Auh S, Sampson A (2001) Dopamine transporter immunoreactivity in monkey cerebral cortex: regional, laminar, and ultrastructural localization. J. Comp. Neurol. 432: 119-136.

McKernan MG, Shinnick-Gallagher P (1997) Fear conditioning induces a lasting potentiation of synaptic currents in vitro. Nature 390: 607-611.

Milner B, Corkin S, Teuber HL (1968) Further analysis of the hippocampal amnesiac syndrome: 14-year follow-up study of H.M. Neuropsychologia 6: 215-234.

Packard MG, McGaugh JL (1996) Inactivation of hippocampus or caudate nucleus with lidocaine differentially affects expression of place and response learning. Neurobiol. Learn. Memory 65: 65-72.

Padoa-Schioppa C, Assad JA (2006) Neurons in the orbitofrontal cortex encode economic value. Nature 441: 223-226.

Rajimehr R, Young JC, Tootell RB (2009) An anterior temporal face patch in human cortex, predicted by macaque maps. Proc. Natl. Acad. Sci. USA 106: 1995-2000.

Redish AD (2004) Addiction as a computational process gone awry. Science 306: 1944-1947.

Schultz W, Dayan P, Montague PR (1997) A neural substrate of prediction and reward. Science 275: 1593-1599.

Scoville WB, Milner B (1957) Loss of recent memory after bilateral hippocampal lesions. J. Neurol. Neurosurg. Psychiatr. 296: 1-22.

Square LR (2004) Memory systems of the brain: a brief history and current perspective. Neurobiol. Learn. Mem. 82: 171-177.

Sutton RS, Barto AG (1998) Reinforcement Learning: An Introduction. MIT Press.

Whitlock JR, Heynen AJ, Shuler MG, Bear MF (2006) Learning induces long-term potentiation in the hippocampus. Science 313: 1093-1097.

Xiong Q, Znamenskiy P, Zador AM (2015) Selective corticostriatal plasticity during acquisition of an auditory discrimination task. Nature 521: 348-351.

第8章 社会智能与利他主义

Buckner RL, Andrews-Hanna JR, Schacter DL (2008) The brain's default network: anatomy, function, and relevance to disease. Ann. NY Acad. Sci 1124: 1-38.

Byrne RW, Whiten A (1988) Machiavellian Intelligence: Social Expertise and the Evolution of Intellect in Monkeys, Apes, and Humans. Oxford Univ. Press.

Camerer CF (2003) Behavioral Game Theory: Experiments in Strategic Interaction. Princeton Univ. Press.

Coricelli G, Nagel R (2009) Neural correlates of depth of strategic reasoning in medial prefrontal cortex. Proc. Natl. Acad. Sci. USA 106: 9163-9168.

Desimone R, Albright TD, Gross CG, Bruce C (1984) Stimulus-selective properties of inferior temporal neurons in the macaque. J. Neurosci. 4: 2051-2062.

de Quervain DJF, Fischbacher U, Treyer V, Schellhammer M, Schnyder U, Buck A, Fehr E (2004) The neural basis of altruistic punishment. Science 305: 1254-1258.

Frith U (2001) Mindblindness and the brain in autism. Neuron 32: 969-979.

Hassabis D, Kumaran D, Vann SD, Maguire EA (2007) Patients with hippocampal amnesia cannot imagine new experiences. Proc. Natl. Acad. Sci. USA 104: 1726-1731.

Kanwisher N, McDermott J, Chun MM (1997) The fusiform face area: a module in human extrastriate cortex specialized for face perception. J. Neurosci. 17: 4302-4311.

Krupenye C, Kano F, Hirata S, Call J, Tomasello M (2016) Great apes anticipate that other individuals will act according to false beliefs. Science 354: 110-114.

Lee D (2008) Game theory and neural basis of social decision making. Nat. Neurosci. 11: 404-409.

Lee D (2013) Decision making: from neuroscience to psychiatry. Neuron 78: 233-248.

Lee SW, Shimojo S, O'Doherty JP (2014) Neural computations underlying arbitration between model-based and model-free learning. Neuron 81: 687-699.

Nash JF (1950) Equilibrium points in n-person games. Proc. Natl. Acad. Sci. USA 36: 48-49.

Nowak M, Sigmund K (1993) A strategy of win-stay, lose-shift that outperforms tit-for-tat in the prisoner's dilemma game. Nature 364: 56-58.

Rajimehr R, Young JC, Tootell RBH (2009) An anterior temporal face patch in human cortex, predicted by macaque maps. Proc. Natl. Acad. Sci. USA 106: 1995-2000.

Rizzolatti G, Craighero L (2004) The mirror-neuron system. Annu. Rev. Neurosci. 27: 169-192.

Sally D (1995) Conversation and cooperation in social dilemmas. Ration. Soc. 7: 58-92.

von Neumann J, Morgenstern O (1944) Theory of Games and Economic Behavior. Princeton Univ. Press.

Warneken F, Tomasello M (2006) Altruistic helping in human infants and young chimpanzees. Science 311: 1301-1303.

第9章 智能与自我

Brandenburger A, Keisler HJ (2006) An impossibility theorem on beliefs in games. Studia Logica 84: 211-240.

Hamilton JP, Farmer M, Fogelman P, Gotlib IH (2015) Depressive rumination, the default-mode network, and the dark matter of clinical neuroscience. Biol. Psychiatry 78: 224-230.

Hofstadter DR (1979) Gödel, Escher, Bach: An Eternal Golden Braid. Basic Books.

Kiani R, Shadlen MN (2009) Representation of confidence associated with a decision by neurons in the parietal cortex. Science 324: 759-764.

Kornell N, Son LK, Terrace HS (2007) Transfer of metacognitive skills and hint seeking in monkeys. Psychol. Sci. 18: 64-71.

Lee SW, Shimojo S, O'Doherty JP (2014) Neural computations underlying arbitration between model-based and model-free learning. Neuron 81: 687-699.

Minzenberg MJ, Fisher-Irving M, Poole JH, Vinogradov S (2006) Reduced self-referential source memory performance is associated with interpersonal dysfunction in borderline personality disorder. J Personal. Disord. 20: 42-54.

Modirrousta M, Fellows LK (2008) Medial prefrontal cortex plays a critical and selective role in 'feeling of knowing' meta-memory judgments. Neuropsychologia 46: 2958-2965.

Persaud N, McLeod P, Cowey A (2007) Post-decision wagering objectively measures awareness. Nature Neurosci. 10: 257-261.

Skrzpinska D, Szmigielska B (2015) Dream-reality confusion in borderline personality disorder: a theoretical analysis. Front. Psychol. 6: 1393.

Tomasello M, Call J (1997) Primate Cognition. Oxford Univ. Press.

致　谢

Acknowledgements

在过去的二十年中，我很荣幸能与众多同事、同行以各种方式互动，从中获益良多。本书中或许有个别内容是我个人思考所得，然而绝大部分都源于前人的研究和与同侪的切磋琢磨。我还要感谢韩国高级研究基金会（KFAS）会长朴仁国，他在 2015 年组织并邀请我参加了 TEDxKFAS 系列演讲。为这次演讲所做的准备帮助我形成了本书的整体架构，并促使我开始了本书的写作。同时，我还要感谢 Gordon Shepherd 和张大翼鼓励我写作本书。最后，我也要感谢程志仙、Alex Kwan、Shanna Murray、Mariann Oemisch、Max Shinn 和张之昊对本书给予的有益反馈。

译后记

张之昊

Postscript to translation

作为一名非专业的菜鸟译者，能为李大烈教授这样的作者服务，是一件莫大的幸事。李大烈教授是国际知名的神经科学家，长年在决策神经科学和神经经济学研究一线披荆斩棘，探索新知。他的研究结合了博弈论与灵长目动物神经生理学，让我深深着迷，也是我十年前选择耶鲁大学攻读博士学位的重要原因之一。进入耶鲁以后，我意识到自己更希望从事以人类为对象的研究，因而没有投入他的门下。但由于领域的相近，他一直在我的成长中扮演了极为重要的角色。他给我上过研讨课，主持过我的博士生资格考试和学位论文答辩，与我合作发表过文章，还在我的几个学术道路转折点上给过我许多慷慨的帮助与鼓励。这也使我得以近距离观察他的思考、治学与为人之道。他对学生的高标准、严要求在系里广为人知。在低年级的时候，和其他许多同学一样，我对他是颇有些畏惧的。然而，大家只要有过亲身受教的机会，都会感叹受益匪浅。私底下，他其实是个风趣而有童真的人。我至今怀念在他的办公室里，坐在他的电吉他旁边，与他畅谈的时光。在翻译过程中，身在加州的我与转到约翰霍普金斯大学任教的李大烈教授通过邮件有过许多讨论。他一直给我十分宽松的氛围，反复强调不必过分拘泥于原文。要把这样一本广博而又前沿的书翻译好，不是一件易事。尽管我尽了最大的努力，本书一定还有许多不足，在此也恳请读者不吝批评指正。

在翻译过程中，我的中学同窗李孜明给予了无私的帮助。于我而言，书中的许多内容是习以为常的老本行，加上常年习惯用英语思考和写作，初稿中不乏译得生硬的地方。她很仔细地阅读了译稿，并提出了非常详尽的建议。好些让我抓耳挠腮的段落，在她举重若轻的修改之下，变得文从字顺。每次细读她的批注，我都会想起中学时她那一手让师生交口称赞的好文章。汤澜博士从百忙之中抽出许多时间，协助制作了全书插图的中文版本。我也要感谢马翔博士的帮助。当然，本书中的任何翻译错误仍然由我本人完全负责。

我由衷感谢生活·读书·新知三联书店给了本书与中国读者见面的机会。从少年时代起，我就一直从三联的书中得到宝贵的知识滋养。尽管那时的阅读可能只是囫囵吞枣，但它们为我打开了许多扇窗口，让我体会到求知是世界上最快乐的事情。对我来说，能成为三联的译者，既是一份骄傲，也成就了一个回报三联的愿望。本书的编辑王竞一直以极大的耐心与热情，投入到与它相关的千头万绪的工作中。从她身上，我看到了三联始终如一的专业水准和严谨作风。最后，我也要感谢其他未曾谋面的为这本书忙碌的三联工作人员，以及郑嫄、焦姣博士的牵线搭桥，是他们使得所有这一切得以实现。

2020 年 2 月于美国加州伯克利

新知文库

01 《证据：历史上最具争议的法医学案例》[美]科林·埃文斯 著　毕小青 译
02 《香料传奇：一部由诱惑衍生的历史》[澳]杰克·特纳 著　周子平 译
03 《查理曼大帝的桌布：一部开胃的宴会史》[英]尼科拉·弗莱彻 著　李响 译
04 《改变西方世界的26个字母》[英]约翰·曼 著　江正文 译
05 《破解古埃及：一场激烈的智力竞争》[英]莱斯利·罗伊·亚京斯 著　黄中宪 译
06 《狗智慧：它们在想什么》[加]斯坦利·科伦 著　江天帆、马云霏 译
07 《狗故事：人类历史上狗的爪印》[加]斯坦利·科伦 著　江天帆 译
08 《血液的故事》[美]比尔·海斯 著　郎可华 译　张铁梅 校
09 《君主制的历史》[美]布伦达·拉尔夫·刘易斯 著　荣予、方力维 译
10 《人类基因的历史地图》[美]史蒂夫·奥尔森 著　霍达文 译
11 《隐疾：名人与人格障碍》[德]博尔温·班德洛 著　麦湛雄 译
12 《逼近的瘟疫》[美]劳里·加勒特 著　杨岐鸣、杨宁 译
13 《颜色的故事》[英]维多利亚·芬利 著　姚芸竹 译
14 《我不是杀人犯》[法]弗雷德里克·肖索依 著　孟晖 译
15 《说谎：揭穿商业、政治与婚姻中的骗局》[美]保罗·埃克曼 著　邓伯宸 译　徐国强 校
16 《蛛丝马迹：犯罪现场专家讲述的故事》[美]康妮·弗莱彻 著　毕小青 译
17 《战争的果实：军事冲突如何加速科技创新》[美]迈克尔·怀特 著　卢欣渝 译
18 《最早发现北美洲的中国移民》[加]保罗·夏亚松 著　暴永宁 译
19 《私密的神话：梦之解析》[英]安东尼·史蒂文斯 著　薛绚 译
20 《生物武器：从国家赞助的研制计划到当代生物恐怖活动》[美]珍妮·吉耶曼 著　周子平 译
21 《疯狂实验史》[瑞士]雷托·U. 施奈德 著　许阳 译
22 《智商测试：一段闪光的历史，一个失色的点子》[美]斯蒂芬·默多克 著　卢欣渝 译
23 《第三帝国的艺术博物馆：希特勒与"林茨特别任务"》[德]哈恩斯－克里斯蒂安·罗尔 著　孙书柱、刘英兰 译
24 《茶：嗜好、开拓与帝国》[英]罗伊·莫克塞姆 著　毕小青 译
25 《路西法效应：好人是如何变成恶魔的》[美]菲利普·津巴多 著　孙佩妏、陈雅馨 译
26 《阿司匹林传奇》[英]迪尔米德·杰弗里斯 著　暴永宁、王惠 译

27 《美味欺诈：食品造假与打假的历史》[英]比·威尔逊 著 周继岚 译
28 《英国人的言行潜规则》[英]凯特·福克斯 著 姚芸竹 译
29 《战争的文化》[以]马丁·范克勒韦尔德 著 李阳 译
30 《大背叛：科学中的欺诈》[美]霍勒斯·弗里兰·贾德森 著 张铁梅、徐国强 译
31 《多重宇宙：一个世界太少了？》[德]托比阿斯·胡阿特、马克斯·劳讷 著 车云 译
32 《现代医学的偶然发现》[美]默顿·迈耶斯 著 周子平 译
33 《咖啡机中的间谍：个人隐私的终结》[英]吉隆·奥哈拉、奈杰尔·沙德博尔特 著 毕小青 译
34 《洞穴奇案》[美]彼得·萨伯 著 陈福勇、张世泰 译
35 《权力的餐桌：从古希腊宴会到爱丽舍宫》[法]让－马克·阿尔贝 著 刘可有、刘惠杰 译
36 《致命元素：毒药的历史》[英]约翰·埃姆斯利 著 毕小青 译
37 《神祇、陵墓与学者：考古学传奇》[德]C. W. 策拉姆 著 张芸、孟薇 译
38 《谋杀手段：用刑侦科学破解致命罪案》[德]马克·贝内克 著 李响 译
39 《为什么不杀光？种族大屠杀的反思》[美]丹尼尔·希罗、克拉克·麦考利 著 薛绚 译
40 《伊索尔德的魔汤：春药的文化史》[德]克劳迪娅·米勒－埃贝林、克里斯蒂安·拉奇 著 王泰智、沈惠珠 译
41 《错引耶稣：〈圣经〉传抄、更改的内幕》[美]巴特·埃尔曼 著 黄恩邻 译
42 《百变小红帽：一则童话中的性、道德及演变》[美]凯瑟琳·奥兰丝汀 著 杨淑智 译
43 《穆斯林发现欧洲：天下大国的视野转换》[英]伯纳德·刘易斯 著 李中文 译
44 《烟火撩人：香烟的历史》[法]迪迪埃·努里松 著 陈睿、李欣 译
45 《菜单中的秘密：爱丽舍宫的飨宴》[日]西川惠 著 尤可欣 译
46 《气候创造历史》[瑞士]许靖华 著 甘锡安 译
47 《特权：哈佛与统治阶层的教育》[美]罗斯·格雷戈里·多塞特 著 珍栎 译
48 《死亡晚餐派对：真实医学探案故事集》[美]乔纳森·埃德罗 著 江孟蓉 译
49 《重返人类演化现场》[美]奇普·沃尔特 著 蔡承志 译
50 《破窗效应：失序世界的关键影响力》[美]乔治·凯林、凯瑟琳·科尔斯 著 陈智文 译
51 《违童之愿：冷战时期美国儿童医学实验秘史》[美]艾伦·M.霍恩布鲁姆、朱迪斯·L.纽曼、格雷戈里·J.多贝尔 著 丁立松 译
52 《活着有多久：关于死亡的科学和哲学》[加]理查德·贝利沃、丹尼斯·金格拉斯 著 白紫阳 译
53 《疯狂实验史Ⅱ》[瑞士]雷托·U.施奈德 著 郭鑫、姚敏多 译

54 《猿形毕露：从猩猩看人类的权力、暴力、爱与性》[美]弗朗斯·德瓦尔 著　陈信宏 译
55 《正常的另一面：美貌、信任与养育的生物学》[美]乔丹·斯莫勒 著　郑嬿 译
56 《奇妙的尘埃》[美]汉娜·霍姆斯 著　陈芝仪 译
57 《卡路里与束身衣：跨越两千年的节食史》[英]路易丝·福克斯克罗夫特 著　王以勤 译
58 《哈希的故事：世界上最具暴利的毒品业内幕》[英]温斯利·克拉克森 著　珍栎 译
59 《黑色盛宴：嗜血动物的奇异生活》[美]比尔·舒特 著　帕特里曼·J.温 绘图　赵越 译
60 《城市的故事》[美]约翰·里德 著　郝笑丛 译
61 《树荫的温柔：亘古人类激情之源》[法]阿兰·科尔班 著　苜蓿 译
62 《水果猎人：关于自然、冒险、商业与痴迷的故事》[加]亚当·李斯·格尔纳 著　于是 译
63 《囚徒、情人与间谍：古今隐形墨水的故事》[美]克里斯蒂·马克拉奇斯 著　张哲、师小涵 译
64 《欧洲王室另类史》[美]迈克尔·法夸尔 著　康怡 译
65 《致命药瘾：让人沉迷的食品和药物》[美]辛西娅·库恩等 著　林慧珍、关莹 译
66 《拉丁文帝国》[法]弗朗索瓦·瓦克 著　陈绮文 译
67 《欲望之石：权力、谎言与爱情交织的钻石梦》[美]汤姆·佐尔纳 著　麦慧芬 译
68 《女人的起源》[英]伊莲·摩根 著　刘筠 译
69 《蒙娜丽莎传奇：新发现破解终极谜团》[美]让-皮埃尔·伊斯鲍茨、克里斯托弗·希斯·布朗 著　陈薇薇 译
70 《无人读过的书：哥白尼〈天体运行论〉追寻记》[美]欧文·金格里奇 著　王今、徐国强 译
71 《人类时代：被我们改变的世界》[美]黛安娜·阿克曼 著　伍秋玉、澄影、王丹 译
72 《大气：万物的起源》[英]加布里埃尔·沃克 著　蔡承志 译
73 《碳时代：文明与毁灭》[美]埃里克·罗斯顿 著　吴妍仪 译
74 《一念之差：关于风险的故事与数字》[英]迈克尔·布拉斯兰德、戴维·施皮格哈尔特 著　威治 译
75 《脂肪：文化与物质性》[美]克里斯托弗·E.福思、艾莉森·利奇 编著　李黎、丁立松 译
76 《笑的科学：解开笑与幽默感背后的大脑谜团》[美]斯科特·威姆斯 著　刘书维 译
77 《黑丝路：从里海到伦敦的石油溯源之旅》[英]詹姆斯·马里奥特、米卡·米尼奥-帕卢埃洛 著　黄煜文 译
78 《通向世界尽头：跨西伯利亚大铁路的故事》[英]克里斯蒂安·沃尔玛 著　李阳 译
79 《生命的关键决定：从医生做主到患者赋权》[美]彼得·于贝尔 著　张琼懿 译
80 《艺术侦探：找寻失踪艺术瑰宝的故事》[英]菲利普·莫尔德 著　李欣 译

81	《共病时代：动物疾病与人类健康的惊人联系》[美] 芭芭拉·纳特森-霍洛威茨、凯瑟琳·鲍尔斯 著　陈筱婉 译	
82	《巴黎浪漫吗？——关于法国人的传闻与真相》[英] 皮乌·玛丽·伊特韦尔 著　李阳 译	
83	《时尚与恋物主义：紧身褡、束腰术及其他体形塑造法》[美] 戴维·孔兹 著　珍栎 译	
84	《上穷碧落：热气球的故事》[英] 理查德·霍姆斯 著　暴永宁 译	
85	《贵族：历史与传承》[法] 埃里克·芒雄-里高 著　彭禄娴 译	
86	《纸影寻踪：旷世发明的传奇之旅》[英] 亚历山大·门罗 著　史先涛 译	
87	《吃的大冒险：烹饪猎人笔记》[美] 罗布·沃尔什 著　薛绚 译	
88	《南极洲：一片神秘的大陆》[英] 加布里埃尔·沃克 著　蒋功艳、岳玉庆 译	
89	《民间传说与日本人的心灵》[日] 河合隼雄 著　范作申 译	
90	《象牙维京人：刘易斯棋中的北欧历史与神话》[美] 南希·玛丽·布朗 著　赵越 译	
91	《食物的心机：过敏的历史》[英] 马修·史密斯 著　伊玉岩 译	
92	《当世界又老又穷：全球老龄化大冲击》[美] 泰德·菲什曼 著　黄煜文 译	
93	《神话与日本人的心灵》[日] 河合隼雄 著　王华 译	
94	《度量世界：探索绝对度量衡体系的历史》[美] 罗伯特·P. 克里斯 著　卢欣渝 译	
95	《绿色宝藏：英国皇家植物园史话》[英] 凯茜·威利斯、卡罗琳·弗里 著　珍栎 译	
96	《牛顿与伪币制造者：科学巨匠鲜为人知的侦探生涯》[美] 托马斯·利文森 著　周子平 译	
97	《音乐如何可能？》[法] 弗朗西斯·沃尔夫 著　白紫阳 译	
98	《改变世界的七种花》[英] 詹妮弗·波特 著　赵丽洁、刘佳 译	
99	《伦敦的崛起：五个人重塑一座城》[英] 利奥·霍利斯 著　宋美莹 译	
100	《来自中国的礼物：大熊猫与人类相遇的一百年》[英] 亨利·尼科尔斯 著　黄建强 译	
101	《筷子：饮食与文化》[美] 王晴佳 著　汪精玲 译	
102	《天生恶魔？：纽伦堡审判与罗夏墨迹测验》[美] 乔尔·迪姆斯代尔 著　史先涛 译	
103	《告别伊甸园：多偶制怎样改变了我们的生活》[美] 戴维·巴拉什 著　吴宝沛 译	
104	《第一口：饮食习惯的真相》[英] 比·威尔逊 著　唐海娇 译	
105	《蜂房：蜜蜂与人类的故事》[英] 比·威尔逊 著　暴永宁 译	
106	《过敏大流行：微生物的消失与免疫系统的永恒之战》[美] 莫伊塞斯·贝拉斯克斯-曼诺夫 著　李黎、丁立松 译	
107	《饭局的起源：我们为什么喜欢分享食物》[英] 马丁·琼斯 著　陈雪香 译　方辉 审校	
108	《金钱的智慧》[法] 帕斯卡尔·布吕克内 著　张叶、陈雪乔 译　张新木 校	
109	《杀人执照：情报机构的暗杀行动》[德] 埃格蒙特·科赫 著　张芸、孔令逊 译	

110 《圣安布罗焦的修女们：一个真实的故事》[德]胡贝特·沃尔夫 著　徐逸群 译
111 《细菌》[德]汉诺·夏里修斯 里夏德·弗里贝 著　许嫚红 译
112 《千丝万缕：头发的隐秘生活》[英]爱玛·塔罗 著　郑嬿 译
113 《香水史诗》[法]伊丽莎白·德·费多 著　彭禄娴 译
114 《微生物改变命运：人类超级有机体的健康革命》[美]罗德尼·迪塔特 著　李秦川 译
115 《离开荒野：狗猫牛马的驯养史》[美]加文·艾林格 著　赵越 译
116 《不生不熟：发酵食物的文明史》[法]玛丽-克莱尔·弗雷德里克 著　冷碧莹 译
117 《好奇年代：英国科学浪漫史》[英]理查德·霍姆斯 著　暴永宁 译
118 《极度深寒：地球最冷地域的极限冒险》[英]雷纳夫·法恩斯 著　蒋功艳、岳玉庆 译
119 《时尚的精髓：法国路易十四时代的优雅品位及奢侈生活》[美]琼·德让 著　杨冀 译
120 《地狱与良伴：西班牙内战及其造就的世界》[美]理查德·罗兹 著　李阳 译
121 《骗局：历史上的骗子、赝品和诡计》[美]迈克尔·法夸尔 著　康怡 译
122 《丛林：澳大利亚内陆文明之旅》[澳]唐·沃森 著　李景艳 译
123 《书的大历史：六千年的演化与变迁》[英]基思·休斯敦 著　伊玉岩、邵慧敏 译
124 《战疫：传染病能否根除？》[美]南希·丽思·斯特潘 著　郭骏、赵谊 译
125 《伦敦的石头：十二座建筑塑名城》[英]利奥·霍利斯 著　罗隽、何晓昕、鲍捷 译
126 《自愈之路：开创癌症免疫疗法的科学家们》[美]尼尔·卡纳万 著　贾颋 译
127 《智能简史》[韩]李大烈 著　张之昊 译